Peter Ripota präsentiert:

Das Rätsel der Quanten

... und seine Lösung!

Peter Ripota
studierte
Physik und
Mathematik
an der
Technischen
Hochschule
Wien. Als
langjähriger
Mitarbeiter des
P.M.-Magazins
popularisierte
er die ver-
schiedensten
Themen,
vor allem
aus Physik,
Mathematik
und Astronomie.

Das Titelbild ist eine Collage aus wichtigen Konzepten der Quantenphysik. Hinter den Fenstern der Tür sehen wir Schrödingers Katze, links lebt sie noch, rechts ist sie schon tot. In der Mitte prangt die Grundgleichung der Quantenphysik, die Schrödingersche Wellengleichung. Darunter sehen wir eine symbolische Darstellung des so wichtigen "Doppelspaltversuchs", vermittelt durch das "Bohmsche Quantenpotenzial". Unten hocken zwei Kätzchen als naive Beobachter, die den Mond betrachten, damit er nicht verschwindet, was er gemäß der "Kopenhagener Deutung" tun müsste, wenn man ihn nicht sieht. Vor dem Mond beobachten die Kätzchen zwei "Zwillingsteilchen", die zur selben Zeit und am gleichen Ort entstanden sind und durch ein unsichtbares, aber weitreichendes Band zusammen gehalten werden (auch auf der Rückseite des Buchs abgebildet). Im Hintergrund schimmert das Bohrsche Atommodell als mikroskopische Version des Sonnensystems. - Die Autorenvorstellung zeigt den Verfasser im Kreis von Schrödingers Kätzchen, wobei von der optimistischen Annahme ausgegangen wird, dass die arme Katze überlebte und Nachkommen zeugte.

Bibliografische Information der Deutschen Nationalbibliothek:

Die Deutsche Nationalbibliothek verzeichnet diese Publikation in der Deutschen Nationalbibliografie; detaillierte bibliografische Daten sind im Internet über http://dnb.d-nb.de abrufbar.

3. erweiterte Auflage, © 2020 Peter Ripota

Herstellung und Verlag: BoD- Books on Demand, Norderstedt

ISBN 978-3-7347-9079-9

e-mail: tango@peter-ripota.de
Webseite: http://www.peter-ripota.de/einstein/

Inhalt

Was ist so besonders an der Quantenphysik?

Eine angebliche wissenschaftliche Entdeckung ist wertlos, wenn sie nicht einer Bardame erklärt werden kann.
ERNEST RUTHERFORD

Zahlreiche wissenschaftliche Theorien entwickelten Konzepte, die einander scheinbar widersprachen, die nicht gleichzeitig richtig sein konnten. So postulierte die Phlogistontheorie um 1700 einen Stoff - Phlogiston - der bei Verbrennung aus jedem Körper entweicht. Endgültig widerlegt wurde sie 1785 von ANTOINE LAVOISIER, der zeigen konnte, dass bei jeder Verbrennung das genaue Gegenteil eintritt: Ein Stoff (Sauerstoff) dringt in den Körper ein, was man durch Gewichtsveränderung nachweisen kann.

Oder der Streit, wer bezüglich der Eigenschaften von Licht Recht hat: NEWTON, der sich Licht aus Teilchen bestehend vorstellte, oder HUYGENS, der meinte, Licht wäre eine Wellenerscheinung. Heute wissen wir, dass beides stimmt. Oder Wärme: Ist sie ein Stoff, der aus einem Körper herausgezogen oder in ihn eingebracht werden kann? Oder liegt ihre Ursache im Köper selbst? Schließlich Atome: Besteht die Materie aus ihnen, oder ist diese ein Kontinuum? Nicht zuletzt der leere Raum, manchmal mit dem "Vakuum" gleichgesetzt: Ist er wirklich völlig leer oder enthält er Energien, Felder, virtuelle Teilchen?

All diese Fragen (die zum Teil noch unbeantwortet sind) ergaben Theorien mit Voraussagemöglichkeiten, und sie sind teilweise heute noch in Gebrauch, solange sie einfach zu handhaben sind und ihre Voraussagen zutreffen. Ein Beispiel: Wärme entsteht durch Bewegung der Moleküle, wie BOLTZMANN nachweisen konnte. Bei Diffusionsprozessen aber wird Wärme wie eine Flüssigkeit behandelt, die vom heißen zum kalten Pol fließt und auch den Formeln der Strömungsmechanik gehorcht.

Bei der Quantenphysik ist alles anders. Zwar existieren auch hier Formeln, die zu korrekten Voraussagen führen, aber die dahinter liegenden Probleme sind tiefgreifend und einzigartig. Es geht schlicht um wesentliche Fragen jeder Naturerkenntnis, als da sind:

- Was ist real, was virtuell (nur als Bild vorhanden), wie kann ich zwischen beiden unterscheiden? ($\rightarrow$ Wie wirklich ist die Wirklichkeit, Kopenhagener Deutung)

- Verändert der Beobachter allein durch Beobachten die Welt? ($\rightarrow$ Wie wirklich ist die Wirklichkeit, Kopenhagener Deutung)

- Gibt es ein geheimnisvolles telepathisches Band zwischen zwei Zwillingsteilchen, über das sie augenblicklich über Milliarden von Lichtjahren kommunizieren? ($\rightarrow$ Verschränkung)

- Können Bewusstsein und freier Wille durch die Quantenphysik erklärt werden? ($\rightarrow$ Mystische Physik, Fred Alan Wolf)

- Sind durch die Quantenphysik außersinnliche Wahrnehmung oder gar Teleportation möglich? ($\rightarrow$ Teleportation)

- Gibt es Welten jenseits der unsrigen, in einer anderen Dimension, wie sie Sciencefiction-Autoren und Esoteriker postulieren? ($\rightarrow$ Quantenphysik und Sciencefiction, Multiversen)

- Sind Lichtteilchen intelligent und "präkognitiv" (die Zukunft vorauswissend)? ($\rightarrow$ Mystische Physik, Charon)

- Greift Gott gelegentlich ein und richtet die Sache wieder gerade? ($\rightarrow$ Mystische Physik, Ghirardi–Rimini–Weber)

- Gibt es einen Einfluss aus der Zukunft? ($\rightarrow$ Wie wirklich ist die Wirklichkeit, Transaktions-Interpretation)

Alle diese Fragen werden in manchen philosophischen Schulen mit "ja" beantwortet, während andere solchen Fragen mit Unverständnis begegnen. Kein Wunder, dass Quantenphysiker oft die Grenze zu Esoterik und Mystik überschreiten, dass manche Autoren sich mit Fragen des Bewusstseins, der Realität und mit außersinnlichen Phänomenen beschäftigen. Und damit viel Unausgegorenes verbreiten, was Laien und Fachleute gleicherweise verwirrt.

Solcherlei Verwirrungen ein wenig zu klären ist Aufgabe dieses Buchs. Es ist nicht nur für Bardamen bestimmt (siehe Eingangszitat), sondern für alle, die sich dafür interessieren und nicht der Meinung sind, alles wäre geklärt, und den Rest überlasse gefälligst den Fachleuten. Nichts ist geklärt, und Fachleute verschleiern oft, anstatt aufzuklären. Manchmal auch, weil sie's nicht besser wissen. Das hat auch der berühmte Physiker und Nobelpreisträger RICHARD FEYNMAN erkannt, als er in seinen Vorlesungen über die Geschichte der Quantenphysik seinen Schülern freimütig bekannte: *Ich präsentiere die Geschichte der Physik vom Standpunkt des Physikers, aber der ist nie korrekt. Ich erzähle Ihnen eine Art standardisierte Mythen.*

Dabei gehe ich zuerst auf einige Pioniere der Quantenphysik ein und zeige ihre Beiträge zur Entwicklung dieser Wissenschaft - wobei auch hier einige Fakten, die jeder zu kennen glaubt, sich als Mythen erweisen und die wahren Hintergründe hoffentlich klarer werden. Im zweiten Teil behandle ich typische Konzepte, wobei sich manche Ausführungen aus dem ersten Teil unter anderen Gesichtspunkten wiederholen werden. Insbesondere das Doppelspalt-Experiment, Grundlage des Verständnisses von Quantenphänomenen, sowie die scheinbar unerklärlichen Versuche mit "aufgeschobener Entscheidung" werden ausführlich und anschaulich erklärt und gedeutet. In dem Kapitel "Wie wirklich ist die Wirklichkeit" zeige ich, wie die einzelnen "Schulen" die Mathematik der Quantenphysik interpretieren und welche seltsamen Welten dabei entstehen. Im Kapitel über "Wandertröpfchen" schließlich versuche ich den Leser zu überzeugen, dass an den Quantenphänomenen nichts Geheimnisvolles ist, weil wir sie auch in der Makrowelt erleben, erzeugen, nachweisen und erklären können.

Dies ist kein Lehrbuch. Es setzt wenig voraus, dringt aber in den Wust verworrener und vernünftiger Gedanken ein und klärt hoffentlich einiges, was in Büchern und Vorlesungen über Quantenphysik unter den Tisch gekehrt wird. Und es ist nicht immer streng objektiv - ab und zu fließt auch meine eigene Meinung ein. Meine

Vorurteile gegenüber bestimmten Personen der Geschichte kommen ohnedies deutlich zum Vorschein. So habe ich viel Verständnis für den depressiven Boltzmann und wenig für den dominierenden Bohr; ich bin über Heisenbergs Persönlichkeit verwirrt, verehre aus rein patriotischen Gründen Schrödinger und sehe in Dirac einen Charakter, mit dem ich mich voll identifizieren kann, natürlich nicht, was meine geistigen Fähigkeiten betrifft. Dass ich mich über manche Geistesgrößen eher negativ äußere, wird der Leser bald bemerken. In der Literatur wird er ohnedies nur Lobendes finden, denn Helden gibt es nicht nur im Sport oder (früher) im Militär, nicht nur in Musik, Malerei und Politik, sondern eben auch in der Wissenschaft. Und so soll es bleiben.

Zuletzt möchte ich ERWIN SCHRÖDINGER zitieren, einen der Pioniere der Quantenphysik, der in dem bemerkenswerten Aufsatz "Ist die Naturwissenschaft milieubedingt?" aus dem Jahr 1932 schreibt: "*Wenn eine volle, interessante Persönlichkeit hinter der Darstellung zu spüren ist, verzeihen wir am Ende ein Maß an Subjektivität - jedenfalls lieber, als dass wir uns von einem gewissenhaften Chronisten langweilen lassen.*"

Trotz der anspruchsvollen Materie wünsche ich bei der Lektüre viel Vergnügen!

In der Neuauflage 2020 wurden drei weitere Kurzbiografien aufgenommen (Pauli, von Neumann, Feynman) und einige Kapitel ergänzt (Kollaps, mystische Physik: Wolf; Quantenphysik und Sciencefiction). Um den Umfang zu erhalten, wurden zahlreiche überflüssige Abbildungen entfernt.

Was sind Quanten?

Die allwissende Wikipedia definiert ein Quant so:

In der Physik bezeichnet der Begriff Quant (von lateinisch quantum ‚wie groß‘, ‚wie viel‘) ein Objekt, das durch einen Zustandswechsel in einem System mit diskreten Werten einer physikalischen Größe, meist Energie, erzeugt wird. Quanten können immer nur in bestimmten Portionen dieser physikalischen Größe auftreten, sie sind mithin die Quantelung dieser Größen.

Und Wikipedia gibt einige Beispiele für Quanten:

Das **Photon** als Quant des elektromagnetischen Feldes.
Das **Phonon** als Quant mechanischer Verzerrungswellen im Festkörper.
Das **Plasmon** als Quant einer Anregung im Festkörper, bei der die Ladungsträger gegeneinander schwingen.
Das **Magnon** als Quant magnetischer Anregungen.
Das Quant des **Drehimpulses**, das nicht als Teilchen interpretiert wird.
Das **Gluon** als Quant des Kraftfeldes, welches die Starke Wechselwirkung überträgt.
Das **Graviton** als Quantelungsgröße des Schwerefeldes.

Durch die gesamte Geschichte des Abendlands, seit den antiken griechischen Denkern, zieht sich der geistige Gegensatz zwischen einer Welt, die aus unterscheidbaren Einzelteilchen besteht (**"Atome"**, **Korpuskeln**) und einer alldurchdringenden Entität, die nicht unterteilt werden kann (**"Apeiron"**, **Feld**). Korpuskeln sind räumlich begrenzt und somit sicht- und fassbar. Felder erfüllen vollständig den Raum, sind unsichtbar und nur durch ihre Wirkung erschließbar. Bereits die antiken griechischen Philosophen erkannten den Unterschied und errichteten auf ihrer jeweiligen Anschauung ganz unterschiedliche Denkgebäude. Die Anhänger einer allumfassenden Substanz gehörten eher zu den Mystikern, welche dem Menschen und seiner Erkenntnisfähigkeit eine besondere Rolle zuwiesen. So meinte ihr Hauptvertreter PARMENIDES: *Ohne* *den Geist gäbe es das Universum nicht.* Diese Auffassung finden wir wieder in der "orthodoxen" Quantenphysik, wo die Welt erst durch den Betrachter entsteht bzw. ohne ihn nicht existiert. Wesentlich nüchterner geben sich die Atomisten. Einer ihrer prominentesten Vertreter, der römische Philosoph LUKREZ, meinte gar: *Niemals zeugt die göttliche Kraft etwas aus nichts.* Was man auch so interpretieren kann: Die Welt war immer, einen Schöpfergott brauchen wir nicht. Weshalb auch die meisten Atomisten innerhalb der Physikergemeinde eher Atheisten waren (Boltzmann), während diejenigen, die alle Erscheinungen auf ein Feld zurückführen wollen, sich in irgendeiner Weise religiös betätigten (Einstein, Schrödinger).

Auch in den Religionen finden wir einen Unterschied zwischen *Atom* und *Apeiron.* Auf der einen Seite steht die jüdisch-christliche Tradition eines ansprechbaren, gelegentlich sogar sichtbaren persönlichen Gottes. Dagegen gibt es im Daoismus Chinas das "dau (tao)", dessen Bedeutung schwer in andere Sprachen übertragen werden kann. Die wörtliche Übersetzung "Methode, Prinzip, der rechte Weg" wird ihm in keiner Weise gerecht. Da passt schon eher die Bezeichnung "eine Art von transzendenter höchster Wirklichkeit und Wahrheit". In der Physik entspricht ihm am ehesten der - inzwischen verpönte - Begriff des "Äthers". Auch er ist ein allumfassendes Agens, eher passiv, aber für die Übertragung von Licht und Kräften von eminenter Bedeutung, unwandelbar, unzerstörbar, ewig. Er wurde durch den Feldbegriff ersetzt, der genauso wenig vorstellbar ist.

Selbst die Quantenphysik, immerhin mit Quanten, also mit unterscheidbaren Entitäten befasst, konnte nicht auf die Einführung von Feldern verzichten. Der Gegensatz zwischen "diskret" (unterscheidbar) und "kontinuierlich" (stetig, ineinanderfließend) wird besonders deutlich in der Mathematik der Zahlen. Denn sie beginnt mit den ganzen Zahlen, das sind die Atome der Arithmetik. Aus ihnen kann man die Bruchzahlen konstruieren, immer noch unterscheidbare Größen, die aber die Zahlenebene kontinuierlich ausfüllen. Doch zwischen den Lücken, die es nicht gibt, haben noch unendlich viele andere Zahlen Platz - die reellen Zahlen, die nur durch unendliche Prozesse entstehen können. Wem das nicht genügt, der kann noch hyperreelle Zahlen dazwischenschieben, Infinitesimale, surreale Zahlen, usw.

Und so ergibt sich für Mathematiker und vor allem für Physiker das Problem, wie aus dem Atomaren das Grenzenlose entsteht - und umgekehrt. Für die Atomisten liegt die Lösung darin, möglichst viele Atome zu haben, die ununterscheidbar werden und so ein Kontinuum vortäuschen. Das aber funktioniert beispielsweise beim Licht nur durch die Annahme eines Äthers, eines Felds, eines Kontinuums. Umgekehrt ist es den Befürwortern reiner Felder möglich, daraus Teilchen zu konstruieren, indem sie eine "Singularität" des Felds postulieren. Die sieht dann aus wie ein Teilchen und heißt "Soliton". Doch solche Singularitäten sind instabil, was dem Zustand der materiellen Welt offensichtlich widerspricht.

Es war und ist in Geschichtsbüchern üblich, die Ereignisse der Weltgeschichte an einzelnen Personen aufzuzeigen. So wird Geschichte fassbar, aber so war es nicht. Besonders im Alltag haben die kleinen Leute, haben die Massen der unbedeutenden Menschen den größten Anteil. Große Gestalten stellen Weichen, aber den Zug voranzubringen ist Aufgabe der Namenlosen. H.G. WELLS hat in seiner "Weltgeschichte" genau das versucht, eine Geschichte ohne Namen, und es ist ihm wunderbar gelungen.

In den Wissenschaften ist es ähnlich. Auch hier muss ich wieder den Pionier der Kernphysik, ERNEST RUTHERFORD (1871-1937) zitieren: *Es liegt nicht in der Natur der Dinge, dass ein Mann eine plötzliche weltbewegende Entdeckung macht. Die Wissenschaft geht Schritt für Schritt voran, und jedermann hängt von dem Werk seiner Vorgänger ab.*

Das wusste schon ISAAC NEWTON (1643 - 1727), als er feststellte:

Wenn ich weiter sah als andere, dann deshalb, weil ich auf den Schultern von Riesen stand.

Dennoch wird in Wissenschaft und Mathematik noch mehr Wert auf den Beitrag individueller Geister gelegt als in Politik und allgemeiner Geschichte. So erhalten Naturgesetze oft die Namen ihrer Entdecker, mögen diese das Gesetzt wirklich entdeckt oder es von anderen geistig übernommen haben. Wenn ich mich hier also denen anschließe, die Geschichte als aufeinanderfolge heroischer Taten heroischer Menschen betrachten, dann mit schlechtem Gewissen. Aber zumindest wird die Sache dadurch anschaulich und menschlich - und bei einer Geschichte der Quantenphysik, deren Hauptmerkmal Unstetigkeiten sind, durchaus gerechtfertigt. Obwohl Nicht-Historiker, habe ich mich dennoch um die Klarlegung der Hintergründe bemüht, aber die wirklichen Helden bleiben auch hier im Dämmerlicht der Geschichte verborgen.

Noch etwas: Erstaunlich viele Quantenphysiker entwickelten mystische Ideen. Wikipedia hat diesem Phänomen sogar ein eigenes Kapitel gewidmet. Unter anderem: Schrödinger glaubte, wie die indischen Philosophen, an nur *ein* Bewusstsein; Bohr meinte, die Welt werde im Augenblick ihrer Bewusstwerdung erschaffen; Pauli schrieb gemeinsam mit dem Psychologen C.G. Jung ein Buch über das esoterische Konzept der "Synchronizität"; Bohm sah einen Zusammenhang aller Dinge im Universum mit allem anderen; Everett, ein selbsterklärter Atheist, fand Trost in seiner Vielewelten-Theorie: Er könne ja in einer davon wiedergeboren werden. Usw. So habe auch ich ein bisschen Esoterik betrieben und gelegentlich - wenn die Person interessant genug war - Auszüge aus einem Computerhoroskop ans Ende des Kapitels gesetzt. Da stimme ich nämlich mit HEDWIG BORN überein, der Ehefrau des Nobelpreisträgers Max Born: "*Es ist immer wie eine Offenbarung, wenn ich hinter dem Physiker plötzlich den Menschen finde*". Im übrigen gilt: Jegliche Übereinstimmung von Charaktereigenschaften zwischen Astrologie und Empirie ist rein zufällig - wie die Ereignisse der Quantenphysik!

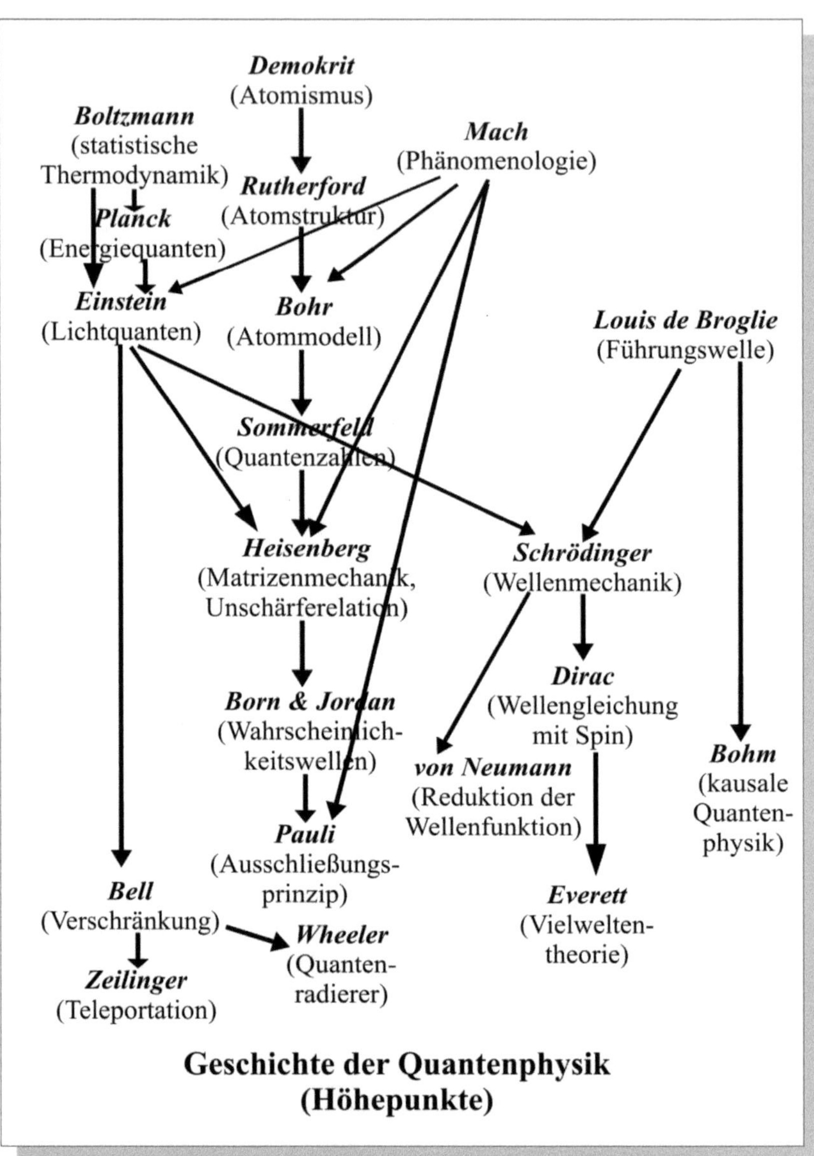

**Geschichte der Quantenphysik
(Höhepunkte)**

Erläuterungen. Ein Pfeil bedeutet eine geistige Beeinflussung. Da, wo Pfeile fehlen (im linken, unteren Bereich), kann man von der allgemeinen Auffassung der bereits etablierten Quantenphysik ausgehen, also von der "Kopenhagener" Deutung in Verbindung mit der Schrödingerschen Wellenfunktion. Deswegen auch der Pfeil von Schrödinger nach links unten. Wir haben den Ausdruck "Verschränkung" bei *Bell* hinzugefügt, aber die Idee stammt von Einstein und der Begriff von Schrödinger. Bell hat die Sache nur wieder entdeckt und daraus eine wichtige Ungleichung abgeleitet.

Es ist auch deutlich zu sehen, welchen großen Einfluss *Mach* mit seiner Philosophie auf wichtige Persönlichkeiten der Quantenphysik ausgeübt hat. Zudem sieht man hier zwei Tendenzen: In der Mitte und links (ab Bohr) sind diejenigen aufgeführt, die einem strikten Teilchencharakter und einer rein statistischen (nicht-kausalen) Interpretation der Ereignisse anhängen sowie nur Beobachtbares ("Observable") gelten lassen und weder eine darunterliegende Realität noch kausale Verknüpfungen akzeptieren. Diese Einstellung führt direkt zu Heisenbergs Matrizenmechanik. Auf der rechten Seite (ab Boltzmann) finden wir die Vertreter einer kausalen Physik zusammen mit der lückenlosen Beschreibung der Welt (keine Wahrscheinlichkeiten, keine Sprünge, nicht nur reine Teilchen). Diese Einstellung führt direkt zu Schrödingers Wellenmechanik.

Auch *Einstein*s Einfluss ist nicht zu übersehen. Seine spezielle Relativitätstheorie war Vorbild für Heisenbergs wissenschaftliches Vorgehen. Einstein war begeistert von de Broglies Wellenvorstellung, ermunterte Schrödinger, war Inspiration für Bell und Bohm - und ewiger, wenngleich vergeblicher Kritiker von Bohr.

Die Schöpfer der Ideen

DEMOKRIT (460/459 v.Chr. (Abdera) - 371 v.Chr.)

Nationalität: Thrakien

Verdienst: Hat zusammen mit seinem Lehrer und mit seinen Schülern zum ersten Mal die Idee kleinster, unteilbarer Naturbausteine eingeführt und damit die Wissenschaft des Abendlands wesentlich beeinflusst.

Zitat: *"Nur scheinbar hat ein Ding eine Farbe, nur scheinbar ist es süß oder bitter; in Wirklichkeit gibt es nur Atome und leeren Raum."*

Schon sein Lehrer LEUKIPP hatte sich von dessen Lehrer Parmenides und seinen mystischen Vorstellungen losgesagt und eine rein materialistische Weltanschauung geschaffen: Die Welt besteht aus unteilbaren, unzerstörbaren Teilchen unterschiedlichsten Aussehens, die ständig in Bewegung sind und durch ihre Verbindungen die Körper der Welt erzeugen. Dazwischen ist leerer Raum, sonst gibt es nichts. Die Idee eines leeren Raums war damals und auch lange Zeit im Abendland revolutionär, denn "Raum" war für die meisten Denker nur die Entfernung zwischen zwei Körpern. Wo keine Körper, da ist auch kein Raum, erst recht kein leerer Raum.

Die Theorie von Leukipp und Demokrit macht das Weltgeschehen verständlich, ohne auf metaphysische Annahmen zurückgreifen zu müssen. In ihrer Nachfolge durch EPIKUR und LUKREZ ("De rerum naturae", 55 v.Chr.) entwickelte sich auch eine Ethik, die wir heute als "Hedonismus" kennen. Dabei geht es nicht um hemmungslosen Genuss, sondern um maßvolle Freude an den kleinen Dingen. Epikur begrüßte seine Gäste am Eingang seines Gartens mit folgender Inschrift: *Tritt ein, Fremder! Ein freundlicher Gastgeber wartet dir auf mit Brot und mit Wasser im Überfluss, denn hier werden deine Begierden nicht gereizt, sondern gestillt.* Und seine Bescheidenheit drückt sich in folgender Bitte aus: *Schicke mir ein Stück*

Käse, damit ich einmal gut essen kann. Später hat die Lehre der Stoiker mit ihrem Hauptvertreter MARK AUREL diese Ideen aufgegriffen und verfeinert. Zudem machte der Atomismus die Existenz von Göttern überflüssig. Die Atome kommen allein zurecht - Atomisten waren fast immer Atheisten!

Zurück zu Demokrit. In seinen Ideen war er extrem weitsichtig. Neben seiner Vorstellung von Atomen und leerem Raum nahm er Ideen der modernen Physik und Kosmologie voraus, darunter:

- das Konzept von unteilbaren letzten Teilchen (wir würden sie heute als Moleküle identifizieren), aus denen auch **Licht** bestehen soll;

- das Prinzip der **Kausalität**: "*Kein Ding entsteht planlos, sondern aus Sinn und unter Notwendigkeit.*" (wird Leukipp zugeschrieben);

- die Wichtigkeit **zufälliger** (nicht voraussehbarer, aber durchaus kausaler) **Bewegungen** der Atome;

- die Idee des **Vakuum**s (leerer Raum);

- die Tatsache, dass die Sonne ein **Stern** ist, die Milchstraße aus Sternen besteht und die Sonne im Mittelpunkt des Universums steht;

usw.

In der Nachfolge der antiken Atomisten haben die ersten "Naturphilosophen" seit der Renaissance diese Ideen aufgegriffen und in ihre Theorien eingearbeitet. So behauptete GALILEI (1564–1642) das Gleiche, womit er in Gegensatz zur kirchlichen Lehre geriet. Galilei meinte (wie die Atomisten), Körper könnten ihre Form wandeln, nicht aber ihre Substanz. Für die kirchlichen Dogmatiker stellt sich die Sache genau umgekehrt dar: In der Eucharistie ("Abendmahl") bleibt die Form bestehen (Oblate und Wein), während sich die Substanz wandelt (wird zum Leib und Blut Christi). So kam der arrogante Gelehrte in Schwierigkeiten mit der Inquisition.

NEWTON (1643–1727) stützte seine Theorie auf feste, starre Körper, eine Art Atome, und deren Bewegungen. Im Gegensatz zur Vorstellung der Atomisten folgen diese Körper geordneten Bahnen, die von Kräften bestimmt sind. So schrieb er:

"Nach allen diesen Betrachtungen ist es mir wahrscheinlich, dass Gott im Anfange der Dinge die Materie in massiven, festen, harten, undurchdringlichen und beweglichen Partikeln erschuf, von solcher Größe und Gestalt, mit solchen Eigenschaften und in solchem Verhältnis zum Raume, wie sie zu dem Endzwecke führten, für den er sie gebildet hatte, dass ferner diese primitiven Teilchen, weil sie fest sind, unvergleichlich härter sind als irgend welche aus ihnen zusammengesetzte poröse Körper, ja so hart, dass sie nimmer verderben oder zerbrechen können."

Die Vorstellungen der Atomisten ähnelten allerdings am ehesten dem, was sich in einem Gas abspielt, worauf wir bei der Besprechung der Errungenschaften von Boltzmann noch näher eingehen werden.

Später haben Chemiker wie JOSEPH-LOUIS PROUST (1797) und JOHN DALTON (1808) das Atomkonzept auf chemische Verbindungen übertragen und auf eine messbare und berechenbare Grundlage gestellt. Schließlich gelang es den Physikern um ERNEST RUTHERFORD, Atome sichtbar zu machen, ihren inneren Aufbau zu ergründen und sie schließlich mathematisch zu beschreiben. Welch seltsamen Dinge da zum Vorschein kamen, und wie die Wissenschaftler mit diesen Fakten fertig wurden, das werden wir ausführlich schildern.

LUDWIG BOLTZMANN (1844 (Wien) - 1906)

Nationalität: Österreich
Verdienst: Hat die Methode eingeführt, kontinuierliche Systeme wie Gase oder Strahlungsfelder durch diskontinuierliche Energiezellen theoretisch zu beschreiben. Hat damit die Konzepte und Methoden der Quantenphysik vorausgenommen.
Nobelpreis: fünfmal vorgeschlagen, aber nicht erhalten
Formel: $S = k \log W$ (Entropiegleichung)
Bedeutung: Die Entropie (Unordnung) eines Makro-Zustands hängt ab von der Wahrscheinlichkeit seiner Mikrozustände.
Zitat: *"Ich sehe keinen Grund, nicht auch die Energie als atomistisch eingeteilt anzusehen." (1891 in Anwesenheit von Max Planck)*

Niemand hat das Atomkonzept so konsequent und mit so großem Erfolg eingesetzt wie der sensible Gelehrte aus Wien. Dabei wandte er eine äußerst erfolgreiche Methode an, die von ihm stammt und zur Grundlage der gesamten Quantenphysik wurde, weswegen man ihn mit Recht als den eigentlichen "Vater der Quantenphysik" bezeichnen kann. Oder den Großvater, wenn man auf Planck als Vater bestehen will. Boltzmann ging von einer atomistischen Struktur der Materie aus, wofür es damals noch keine experimentellen Belege gab, und wofür er von seinen Zeitgenossen Mach und Ostwald heftig angegriffen wurde. Manche meinen sogar, diese ständigen Beschimpfungen wären der Grund für seinen Selbstmord gewesen. Vor allem: Boltzmann verwendete statische Methoden - er rückte dem Problem des Mikrokosmos mit Kombinatorik zu Leibe, eine Methode, die damals bei Physikern nicht üblich war und auf Unverständnis stieß. Statistik verwendeten die Militärverwalter, um die passenden Kleidergrößen für die Rekruten herauszufinden, und die Wahrscheinlichkeitsrechnung war den Glückspielern und Zockern vorbehalten. Wie jeder große Erneuerer war Boltzmann seiner Zeit weit voraus, was er selbst gar nicht bemerkte.

Doch Boltzmann ging weiter als seine Vorgänger. Er betrachtete nicht nur die Atome eines Gases als "diskret" (als unterscheidbare Teilchen), sondern er wandte das Prinzip der Unterteilung in unterscheidbare Einheiten auch auf unsichtbare Begriffe an, in erster Linie auf den der **Energie**. So zerteilte er den Energiegehalt eines abgeschlossenen Gases in kleine Zellen - wohlgemerkt, nicht in räumliche Zellen, sondern in begriffliche. Diese Energiepakete entstanden durch eine simple Einteilung in Energieeinheiten unterschiedlicher Stärke. Durch Vertauschen von Teilchen ergaben sich neue Energiezustände. Boltzmann untersuchte - rein theoretisch-mathematisch - welche Auswirkungen verschiedene (unsichtbare) Mikrozustände auf den (sichtbaren) Makrozustand des Gases haben, wie also Vertauschungen von "Atomen" (eigentlich: von Molekülen bestimmter Energie) sich äußerlich auswirken, wie sie Druck, Temperatur und Energie beeinflussen. So begründete er zusammen mit MAXWELL und GIBBS die "Statistische Thermodynamik", und so kam er auch zu seiner Definition der **Entropie** (= Unordnung) eines Systems, die sich gänzlich von der bisher gültigen, rein thermodynamischen Definition unterschied. Seine Entropie-Definition stützt sich auf Wahrscheinlichkeiten, nicht auf Energien oder Temperaturen, und wird dadurch fast identisch mit der (viel später gefundenen) Definition der "Information".

Zudem ist die Entropie "additiv": Hat man zwei Systeme vorliegen, z.B. abgeschlossene Gasbehälter, das eine mit der Entropie S_1, das andere mit der Entropie S_2, so ist die Gesamtentropie des Systems (die Behälter bleiben für sich, werden nicht gemischt!) gleich S_1+S_2. Das Ganze auf Wahrscheinlichkeiten bezogen: Hat man zwei Systeme vorliegen, z.B. abgeschlossene Gasbehälter, das eine mit der Wahrscheinlichkeit W_1, das andere mit der Wahrscheinlichkeit W_2, so ist die Gesamtwahrscheinlichkeit des Systems gleich W_1*W_2. Und um das *Produkt* der Wahrscheinlichkeiten in die *Summe* der Entropien zu verwandeln, braucht man den Logarithmus - daher seine Entropiegleichung.

Boltzmann konnte auf Grund seiner Überlegungen und Berechnungen der mikrophysikalischen Zustände nunmehr makrophysikalische (= messbare) Größen und Beziehungen ableiten wie die Gasgleichung oder die spezifische Wärme eines Stoffes - ein Triumph der klassischen theoretischen Physik. Seine Energiezellen sind das Gleiche wie die **Quanten** der Quantenphysik, aber Boltzmann nannte sie nicht so, das tat erst sein Schüler Planck, der Boltzmanns Ideen auf die Absorption von Strahlungen anwandte.

Machen wir uns das Ganze an einem kleinen Beispiel klar. Nehmen wir an, wir hätten Kugel unterschiedlicher Größe und unterschiedlichen Gewichts in einem Behälter, in einer Art Rucksack mit diversen Abteilungen, wobei die großen Kugeln nicht unbedingt die schwersten sein müssen. Aber wir können die Plätze der Kugeln beliebig vertauschen.

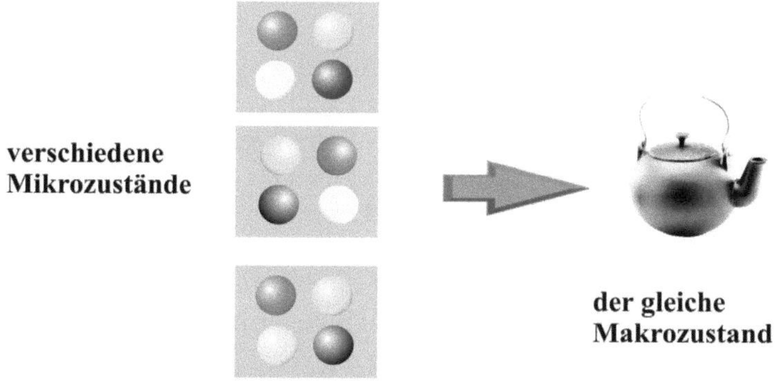

Verschiedene unsichtbare Mikrozustände (Kugeln in Urnen) führen zum gleichen Makrozustand (Temperatur des Kessels)

Wollen wir das Gewicht des Behälters bestimmen, ist die Lage der Kugeln belanglos; wir können sie also beliebig vertauschen. Wollen wir die Stabilität des Behälters bestimmen, wird das Gewicht der einzelnen Kugeln und deren Lage wichtig, nicht aber deren Volumen. Wir können also gleich schwere Kugeln vertauschen, sofern sie auf der gleichen Höhe liegen. Wollen wir den Rauminhalt des Behälters bestimmen, wird das Gewicht der einzelnen

Kugeln belanglos, nicht aber ihre Form. Wir können also Kugeln gleicher Form vertauschen.

Wir haben hier also zwei Objekte, die wir miteinander verknüpfen: Kugeln (entspricht irgendwelchen Teilchen) und "Urnen" (= kleine Behälter oder Schubfächer), auf die unsere Kugeln verteilt werden können. Die "Urnen" können alles Mögliche sein, z.B. Energiezustände, Frequenzbänder, Elektronenbahnen im Atom, usw. Wichtig ist nur: Kontinuierliches (wie etwa Energie oder Frequenz) muss vorher gedanklich in kleine Pakete zerlegt werden, was den Urnen entspricht. Wir lösen also das Kontinuum auf und ersetzen es durch ein Grobraster aus willkürlich bestimmten Einheiten. Wir vergröbern die Welt, verlieren dadurch Information und gewinnen dabei paradoxerweise Informationen ganz anderer Art.

Das Verfahren, Kugeln umzuschichten und in Urnen unterschiedlich zu verteilen, erwies sich als so vielseitig und flexibel, dass es später auf damals noch unbekannte Prozesse und Systeme der Quantenphysik mit Erfolg angewandt werden konnte. So können beispielsweise Lichtteilchen in beliebiger Anzahl in einer Urne Platz finden, wie Ameisen vom gleichen Stamm. Dagegen ist das für Elektronen nicht möglich, da braucht jedes Teilchen seine eigene Urne, wie Jagdkatzen, wo jede ihr eigenes Revier beansprucht. Durch Abzählen der Möglichkeiten, wie man solche Teilchen auf die Urnen (z.B. die möglichen Energiezustände) verteilen kann, kommen die Physiker zu erstaunlichen Einsichten, die sich in "Statistiken" (Verteilungsfunktionen) mathematisch niederschlagen. Klassische Teilchen gehorchen dabei der "Maxwell-Boltzmann-Verteilung", Lichtteilchen der "Bose-Einstein-Statistik" und Elektronen der "Fermi-Dirac-Statistik". Davon im zweiten Teil mehr.

Philosophie. Boltzmann war Materialist und Atheist, in bester antiker Atomistentradition. So begrüßte er die Verbannung Gottes durch Darwin:

Nach meiner Ansicht ist alles Heil für die Philosophie zu erwarten von der Lehre Darwins. So lange man an einen besonderen Geist glaubt, der ohne mechanische Mittel imstande ist, die Objekte zu erkennen, an einen besonderen Willen, der wieder ohne mechanische Mittel geeignet ist, das für uns Zuträgliche zu wollen, kann man die einfachsten psychologischen Erscheinungen nicht erklären.

Seelische Vorgänge sind für ihn rein atomistische Bewegungen:

Erst wenn man einsieht, dass Geist und Wille nicht ein Etwas außer dem Körper, dass sie vielmehr komplizierte Wirkungen von Teilen der Materie sind, deren Wirkungsfähigkeit durch Entwicklung immer vollkommener wird, erst wenn man einsieht, dass Vorstellung, Wille und Selbstbewusstsein nur die höchsten Entwicklungsstufen derjenigen physikalisch-chemischen Kräfte der Materie sind, durch welche Protoplasmabläschen zunächst befähigt wurden, solche Regionen aufzusuchen, die für sie günstiger sind, solche zu vermeiden, die ihnen ungünstig sind, wird einem in der Psychologie alles klar.

Von den Philosophen hielt Boltzmann nichts:

Bin ich nur mit Zögern dem Rufe gefolgt mich in die Philosophie hineinzumischen, so mischten sich desto öfter Philosophen in die Naturwissenschaft hinein. Bereits vor langer Zeit kamen sie mir ins Gehege. Ich verstand nicht einmal, was sie meinten, und wollte mich daher über die Grundlehren aller Philosophie besser informieren.

Besonders einige deutsche Denker fand er widerlich:

Um gleich aus den tiefsten Tiefen zu schöpfen, griff ich nach Hegel; aber welch unklaren, gedankenlosen Wortschwall sollte ich da finden! Mein Unstern führte mich von Hegel zu Schopenhauer. Er ist ein geistloser, unwissender, Unsinn schmierender, die Köpfe durch hohlen Wortkram von Grund aus und auf immer degenerierender Philosophaster. Ja, selbst bei Kant konnte ich verschiedenes so wenig begreifen, dass ich bei dessen sonstigem Scharfsinn fast vermutete, dass er den Leser zum besten haben wolle oder gar heuchle.

Persönliches. Von seinen Zeitgenossen wird Boltzmann als ebenso freundlicher wie naiver Mensch geschildert, der musikalisch gebildet war (er lernte Klavierspielen bei Anton Bruckner), aber unter schweren Depressionen litt und sich zuletzt in einem Ferienort erhängte. Lise Meitner schrieb über ihn:

Er war von Charakter weich, verletzbar und zartfühlend, voll Herzensgüte, Glauben an Ideale und Ehrfurcht gegenüber den Wundern der Naturgesetzlichkeit.

Das sagt auch sein Horoskop, hier in Auszügen:

Sie sind hochgradig sensibel und eindrucksempfänglich, und so leben Sie praktisch in einer anderen Welt. Sie sind unschuldig, vertrauensvoll und gewissenhaft, und Sie kennen weder Bosheit noch Betrug. Das macht Sie sehr verwundbar, aber Ihre Intuition rettet Sie wieder. Sonst würden Sie durch Ihre Naivität viel Unglück erleiden. So sieht es aus, als ob eine göttliche Hand Sie lenkt und vor dem Schlimmen bewahrt.

Sie verstehen intuitiv Dinge, die anderen unbegreiflich sind. Ihr Mitgefühl ist so groß, dass Sie Leiden anderer Menschen nicht ertragen können. Ihr Blick ist sehr nach innen gerichtet. Wenn Sie in Ihrer Jugend egoistisch und materialistisch erschienen, dann nur deshalb, weil Sie sich vor der Unsicherheit der Welt so fürchteten, dass Sie sich an alles Materielle klammerten, um Schutz und Sicherheit zu finden, die Sie so sehr benötigen.

Sie sind scheu und eindrucksempfänglich und haben Schwierigkeiten, sich an die Hektik des modernen Lebens anzupassen. Sie brauchen die Flucht vor der Welt, sei es beim Lesen, beim Träumen, beim Meditieren oder einfach in der Einsamkeit. Aber Sie sind in Gefahr, den Weg in die Welt zurück nicht mehr zu finden.

Was leider dann geschehen ist.

MAX **P**LANCK (1858 (Kiel) - 1947)

Nationalität: Deutschland
Verdienst: Hat die Methode seines Lehrers Boltzmann erfolgreich auf die Analyse von Strahlungsvorgängen angewandt, dabei Licht als eine Art Gas betrachtet und den Begriff "Quantum" eingeführt.
Nobelpreis: 1918 "als Anerkennung des Verdienstes, den er sich durch die Entdeckung der Energiequanten um die Entwicklung der Physik erworben hat" (Theorie der Quantisierung)"
Formel: $\varDelta E = h\nu$ (Plancksche Energiebeziehung)
Bedeutung: Energie kann nur paketweise abgegeben oder aufgenommen werden; und: Die Energie von Strahlung hängt von seiner Frequenz ab, nicht von seiner Intensität.
Zitat: *"Wissenschaft bedeutet nicht beschauliches Ausruhen im Besitz gewonnener Erkenntnis, sondern sie bedeutet rastlose Arbeit und stets vorwärtsschreitende Entwicklung."*

Mit Recht kann man Planck als den "Vater" der Quantenphysik ansehen. Denn er wandte die Ideen und Methoden seines Lehrers Ludwig Boltzmann auf die Natur des Lichts an, genauer: auf die Absorption und Emission von Strahlung. Aus seinen theoretischen Forschungen ergab sich eine neue Naturkonstante **h**, die Planck "Wirkungsquantum" nannte, weil sie die physikalische Dimension einer Wirkung besaß, das ist Energie mal Zeit, identisch mit der Dimension eines Drehimpulses. Und diese winzig kleine Größe, die Planck, nach eigenen Worten, trotz jahrelanger Versuche nicht in die klassische Physik integrieren konnte, taucht in fast allen Gleichungen der Quantenphysik auf. Sie besagt: Welche physikalische Größe auch immer du unterteilst, es gibt für sie eine untere Schranke, eine Art abstraktes Atom, dessen Größe von h abhängt. Plancks Beispiel: Die Übermittlung von Energie kann nicht in beliebig kleinen Schritten erfolgen, vielmehr hängt das kleinste Energiepaket von h ab. Und dieses kleinste Teil nannte Planck ein **Quant** (vom lateinischen quantum = Wie groß?). Doch in

Wirklichkeit begann alles ganz anders.

Von seinem Lehrer erhielt Planck den Auftrag, eine Formel für die Verteilung der Energien bzw. Wellenlängen eines "schwarzen Körpers" zu finden. Ein schwarzer Körper ist, wie der Name sagt, ein Körper, der jegliche Strahlung absorbiert und damit nach außen hin schwarz erscheint. Beispiel: die Pupille des menschlichen Auges, oder ein Brunnenschacht. Es gilt aber auch das Umgekehrte: Wenn ein schwarzer Körper Energie (in Form von Strahlung) abgibt, z.B., weil man ihn erhitzt, dann ist diese Energieabgabe bei ihm am größten, im Vergleich zu anderen (nicht-schwarzen) Körpern. Und: Sie ist unabhängig von der stofflichen Beschaffenheit des Körpers. Jeder kennt das Phänomen vom erhitzten Eisen (man muss Eisen nehmen, weil andere Stoffe vorher verbrennen würden): Erst glüht es dunkelrot, dann hellrot, orange, weiß, blau und violett. Bei Sternen gilt genau das Gleiche: Je höher die Temperatur, desto eher rückt die Farbe hin zum Violetten (und darüber hinaus, aber das sehen wir nicht mehr).

Nun strahlt ein schwarzer Körper nicht nur in *einer* Farbe, sondern er schickt ein ganzes Farbspektrum in die Umgebung. Die Verteilung dieser Frequenzen, allein in Abhängigkeit von der Temperatur, in eine Formel zu pressen, das versuchten die Wissenschaftler schon seit einiger Zeit. Zwei Formeln gab es schon, aber beide waren nur begrenzt gültig: WILLY WIEN fand 1894 die Temperaturabhängigkeit der Strahlungsfrequenz durch thermodynamische Überlegungen und Analogien zur Maxwell-Boltzmann-Verteilung. Sein Gesetz gilt aber nur für hohe Frequenzen (Licht, Röntgenstrahlen), wo Licht eher Teilchencharakter besitzt. Außerdem verwendete er noch nicht die Konstante "h", denn die fand und benannte erst Planck. John William Strutt alias Baron RAYLEIGH und JAMES JEANS fanden 1900 durch ganz klassische Überlegungen (Wellencharakter des Lichts, keine Quanten) eine andere Formel für die Energieverteilung in Abhängigkeit von Frequenz und Temperatur. Das Gesetz gilt aber nur für niedere Frequenzen (Radiowellen), wo Licht eher Wellencharakter besitzt. Paul Ehrenfest erkannte, dass dieses Gesetz für höhere Frequenzen zur "Ultraviolett-Katastrophe" führt, da die Energie nach oben hin nicht begrenzt ist.

Planck gelang es nun, eine Formel zu finden, welche beide Gesetze in sich vereinigt. Wie er das schaffte, haben wir in einem eigenen Beitrag gezeigt. Am 14. Dezember 1900 präsentierte er seine - nach eigenen Worten *glücklich erratene Interpolationsformel* in München der Öffentlichkeit, und dieses Datum wird (mehr oder weniger berechtigt) als die Geburtsstunde der Quantenphysik betrachtet.

Soweit, so gut. Als Physiker musste Planck aber nun seine Formel auch rechtfertigen. Damals (um 1900) war es nämlich noch üblich, anschauliche Begründungen für physikalische Formeln zu finden und sich nicht, wie später dann und auch heute noch, sich auf die Mathematik zurück zu ziehen. Das erkannte er selbst sehr deutlich, als er feststellte:

Aber selbst wenn man die absolut genaue Gültigkeit meiner Strahlungsformel voraussetzt, würde sie lediglich in der Bedeutung eines glücklich erratenen Gesetzes doch nur eine formale Bedeutung besitzen. Darum war ich von dem Tage ihrer Aufstellung an mit der Aufgabe beschäftigt, ihr einen wirklichen physikalischen Sinn zu verleihen, und diese Frage führte mich von selbst auf Boltzmannsche Gedankengänge.

Und so tat Planck, was er kannte: Er wandte die Abzählmethoden seines Lehrers Boltzmann an. Planck betrachtete Licht als eine Art Gas, ohne dessen "Atome" zu kennen. Die Einteilung in unterscheidbare Teilchen übertrug er auf die Energien der im Schwarzen Körper schwingenden "Oszillatoren". Man wusste damals ja nicht, was Licht ist, wie es absorbiert oder emittiert wird. Es ging wieder darum, wie viele Kugeln (= Oszillatoren) in die vorhandenen Urnen (= mögliche Energiezustände) passen. So kam Planck erneut zu seiner Strahlungsformel, obgleich die Ableitung fehlerhaft war, das Ergebnis aber richtig. Erst Einstein korrigierte die

Mathematik und die Auffassung von "Quanten". Denn für Planck waren sie nur fiktive Energie-Pakete, die bei Absorption und Emission von Strahlung in bestimmten, genormten Größen übergeben werden. Richtig glücklich war Planck über seine Ableitung nicht, weil er tief in seiner konservativen Seele ahnte, dass er eine ganz neue Epoche der Physik einleitete und dabei lieb gewonnene Konzepte wie Kausalität und Determiniertheit über den Haufen warf. 1931 schrieb er an einen Freund: *Es war ein Akt der Verzweiflung, weil eine theoretische Erklärung um jeden Preis gefunden werden musste.*

Philosophie. Planck glaubte an die Realität der Außenwelt, im Gegensatz zu vielen seiner Nachfolger. So sagte er einmal:

Dabei ist von wesentlicher Bedeutung, dass die Außenwelt etwas von uns Unabhängiges, Absolutes darstellt, dem wir gegenüberstehen.

Auch die Kausalität hielt er hoch, wie die meisten seiner Generation (und die wenigsten nach ihm):

So können wir abschließend sagen: Das Kausalgesetz ist weder richtig noch falsch, es ist vielmehr ein heuristisches Prinzip, ein Wegweiser, und zwar nach meiner Meinung der wertvollste Wegweiser, den wir besitzen, um uns in dem bunten Wirrwarr der Ereignisse zurechtzufinden und die Richtung anzuzeigen, in der die wissenschaftliche Forschung vorangehen muss, um zu fruchtbaren Ergebnissen zu gelangen. Wie das Kausalgesetz schon die erwachende Seele des Kindes sogleich in Beschlag nimmt und ihm die unermüdliche Frage "warum?" in den Mund legt, so begleitet es den Forscher durch sein ganzes Leben und stellt ihm unaufhörlich neue Probleme. Denn die Wissenschaft bedeutet nicht beschauliches Ausruhen im Besitz gewonnener Erkenntnis, sondern sie bedeutet rastlose Arbeit und stets vorwärtsschreitende Entwicklung.

Weitsichtig ist seine Feststellung, dass es einen "Paradigmenwechsel" (einen Wechsel der allgemein anerkannten Mythen) nur durch Aussterben der Paradigmenanhänger gibt:

Eine neue wissenschaftliche Wahrheit pflegt sich nicht in der Weise durchzusetzen, daß ihre Gegner überzeugt werden und sich als belehrt erklären, sondern vielmehr dadurch, daß ihre Gegner allmählich aussterben und daß die heranwachsende Generation von vornherein mit der Wahrheit vertraut gemacht ist.

Und schon im Jahre 1909 ahnte er, welchen Umbruch er selbst in die Wege geleitet hatte:

Mit der durch dies Prinzip im Bereiche der physikalischen Weltanschauung hervorgerufenen Umwälzung ist an Ausdehnung und Tiefe wohl nur noch die durch die Einführung des Copernikanischen Weltsystems bedingte zu vergleichen.

In einem Vortrag im Jahr 1918 hat Planck auch die grundlegende (immer noch nicht überwundene) Spaltung der Quantenphysik ahnungsvoll vorausgesagt:

Was geschieht mit der Energie eines Lichtquants nach seiner Emission? Breitet es sich nach dem Huygensschen Wellenbild in alle Richtungen aus, bis ins Unendliche, aber unendlich verdünnt? Oder fliegt es nach der Newtonschen Emanationstheorie nur in eine Richtung? Im ersteren Fall könnte die Quantenphysik nie beschreiben, wie eine so verdünnte Welle ein Elektron aus dem Atomverband herausschlagen kann. Im zweiten Fall müsste die Theorie auf all die Erscheinungen verzichten, die mit Wellen zu tun haben, vor allem auf solche der Interferenz.

Materialist war er keiner, das widersprach offenbar seiner konservativen Tradition. Für ihn musste es einen Gott geben:

Da es im ganzen Weltall weder eine intelligente Kraft noch eine ewige Kraft gibt, so müssen wir hinter dieser Kraft einen bewußten intelligenten Geist annehmen. Dieser Geist ist der Urgrund aller Materie.

Und er macht daraus ein Aktionsprogramm:

Es ist der stetig fortgesetzte, nie erlahmende Kampf gegen

Skeptizismus und Dogmatismus, gegen Unglaube und gegen Aberglaube, den Religion und Naturwissenschaft gemeinsam führen, und das richtungsweisende Losungswort in diesem Kampf lautet von jeher und in alle Zukunft: Hin zu Gott!

Persönliches. Privat war Planck ein ruhiger, konservativer, bescheidener und beharrlicher und leider extrem unpolitischer Mensch. Das sagt auch sein Horoskop:

Sie sind ruhig, gleichmäßig und selbstsicher. Man bewundert Ihre Charakterfestigkeit, Ihre Tiefe und Hingabe. Ihre Stabilität, Ihr Selbstvertrauen und Ihre Nüchternheit sind Garantien für einen reibungslosen Aufstieg im Leben. Sie haben einen scharfen, analytischen und durchdringenden Verstand. Sie können Ihre Pläne gut verwirklichen, dank Ihres Sinns fürs Detail, für Genauigkeit und für Perfektion. Irgendeinen Plan haben Sie immer. Auf Träume und Fantasien können Sie verzichten, denn Sie sind Realist und ziehen es vor, Ideen zu verwirklichen, als sich eitlen Tagträumen hinzugeben.

Man kann Sie schwer aus dem Gleichgewicht bringen. In Ihrem Leben gibt es wenige Hindernisse, und die wenigen werden durch Willenskraft und Entschlossenheit überwunden. Sie sind von Natur aus konservativ und sträuben sich gegen Veränderungen und Erneuerungen.

Ihr Verstand ist praktisch, ausdauernd, langsam und sorgfältig, manchmal schwerfällig und bohrend, aber mit Sinn für Ordnung und vor allem: äußerst beharrlich. Sie können Ideen und abstrakte Konzepte anschaulich und farbig präsentieren. Diskussionen mögen Sie nicht so gern, aber Ihr gesunder Menschenverstand findet immer praktische Lösungen für Probleme. Mit konkreten Dingen und Situationen können Sie geistig sehr gut umgehen.

→ Die Planckschen Strahlungsgesetze

Albert Einstein (1879 (Ulm) – 1955)

Nationalität: Deutschland/Schweiz/USA/Israel
Verdienst: Hat die Quantenhypothese von Planck (die nur für Energie galt) auf Licht übertragen und durch seine Autorität den Gedanken der Quantelung hoffähig gemacht. Weitere Verdienste siehe unten.
Nobelpreis: 1921 "für seine Verdienste um die theoretische Physik, besonders für seine Entdeckung des Gesetzes des photoelektrischen Effekts"
Formel: $\Delta E = h\nu$ (Plancksche Energiebeziehung)
Bedeutung: Lichtteilchen (Fotonen) sind "Quanten" mit der von ihrer Frequenz abhängigen Energie.
Zitat: *"Gott würfelt nicht."*

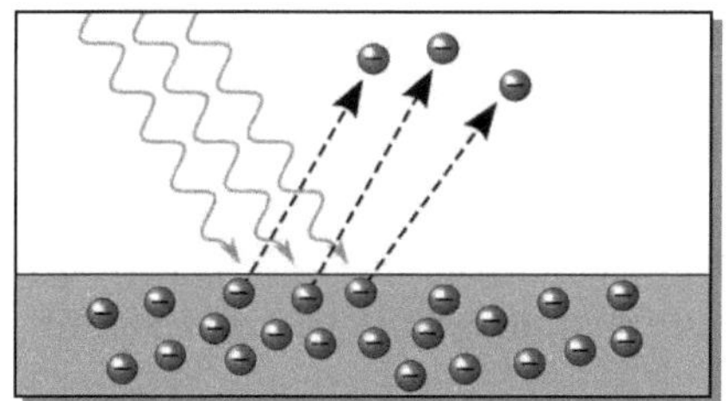

Der fotoelektrische Effekt besteht darin, dass Licht aus einer Metalloberfläche Elektronen herausschlagen kann. Die Energie der Elektronen hängt dabei nur von der Frequenz des Lichts ab, nicht von dessen Intensität: je blauer, desto stärker. Das kann nur sein, wenn Licht selbst Quanten- oder Teilchencharakter hat, eine revolutionäre Idee, die Einstein den Nobelpreis brachte.

Hoppla - da stimmt etwas nicht! Die Formel hatten wir doch schon bei Planck, sie gehört zu ihm genauso wie "E=mc^2" zu Einstein. Richtig. Aber erstens werden wir auf Einsteins Formel bei der Besprechung der Ideen von de Broglie zurückkommen. Zweitens hat Einstein der Planckschen Formel eine neue Interpretation gegeben und dafür auch den Nobelpreis erhalten - zu Recht. Denn damit leitete er eine neue Epoche der Quantenphysik ein, die von ihren bisherigen Beschränkungen frei wurde und damit ungekannte Gebiete erobern konnte.

Zwar begann die Quantenphysik mit einer Entdeckung von Max Planck, doch verdankt sie ihre Entwicklung, ihre Denkanstöße und ihre Art, Probleme mathematisch und geistig zu behandeln, dem "Mann des Jahrhunderts". Einstein trieb die frühe Geschichte der Quantenphysik voran, indem er den Ausdruck "Quantum" oder "Quant" dank seiner Autorität hoffähig machte und eine anschauliche Deutung fand: Licht besteht aus Teilchen, also aus Quanten. Dass er damit trotz seines Ruhmes durch seine Relativitätstheorie aneckte, zeigt folgende Episode: Als man Einstein 1913 der preussischen Akademie der Wissenschaften für eine Professur empfahl, da wiesen seine Förderer darauf hin, dass es kaum eines der großen physikalischen Probleme gäbe, zu dessen Lösung Einstein nicht etwas beigetragen habe. Dass er dabei gelegentlich übers Ziel hinausgeschossen hätte - wie bei seiner "Lichtquantenhypothese" - solle man ihm nicht negativ anrechnen, denn so was geschehe auch in den exaktesten aller Wissenschaften.

Mit seiner unkonventionellen Art im Umgang mit physikalischen Begriffen und mit seiner rigorosen Unterwerfung der Physik unter das Diktat selbstgewählter mathematischer Formeln wurde er zum Vorbild vor allem für Heisenberg, aber auch für Schrödinger. In den ersten beiden Jahrzehnten der Geschichte der Quantenphysik leistete er wesentliche Beiträge, und mit Bohr lieferte er sich schriftlich, aber auch auf Konferenzen, spannende intellektuelle Duelle durch immer neues Ersinnen ausgefeilter Gedankenexperimente, welche die Auffassung des geistigen Gegners zu Fall bringen sollten.

Auf Einstein gehen unter anderem folgende Ideen zurück:

- *Licht* besteht aus Quanten und hat somit *Teilchencharakter* (Fotonen).

- Die Intensität von Licht kann als Wahrscheinlichkeit gedeutet werden, an dieser Stelle Lichtteilchen vorzufinden. Daraus entwickelten Born, Jordan, Heisenberg und andere die Idee der *Wahrscheinlichkeitswellen*.

- Das elektromagnetische Feld, das einen Lichtstrahl begleitet, nannte er "Geisterfeld". Daraus entstand die Idee eines

Führungsfelds (de Broglie, Bohm).

- Er gab Schrödinger die Idee zur Wellenmechanik, wie dieser selbst feststellte.

- Er konzipierte eine frühe Version von "Schrödingers Katze", die weitaus schärfer, dafür aber tierfreundlicher war ("Einsteins Bombe");

- Er ermunterte Bohm zum Ausbau seiner *kausalen Quantenphysik* (die er später aber ablehnte).

- Die Anwendung klassischer Vorstellungen auf Vorgänge in der Mikrophysik hat Einstein als erster und ausdrücklich eingeführt. Bohr war davon so begeistert, dass er das Prinzip übernahm und es *Korrespondenzprinzip* nannte.

Das Zitat zu Beginn des Kapitels bedeutet Kritik und Abwendung von der "orthodoxen" Quantenphysik, die den Zufall zum Wesenszug quantenphysikalischer Phänomene erklärte und eine deterministische Erklärung strikt ablehnte. Dabei lag ihm die Quantenphysik viel mehr am Herzen als seine eigenen Schöpfungen, die beiden Relativitätstheorien. Er sagte über sich:

Ich habe hundertmal soviel über die Quantentheorie nachgedacht wie über allgemeine Relativitätstheorie.

Hier sind weitere Kritikpunkte, Forderungen und Feststellungen, nachdem sich die Quantenphysik philosophisch durch Bohr und Heisenberg etabliert hatte:

(1) Der Zufall ist nur eine Hilfsannahme, kein wesentlicher Bestandteil der Welt. Einstein: "*Der Alte (= Gott) würfelt nicht*".

(2) Es gibt eine streng kausale, deterministische Beschreibung der Welt, auch der Welt des Allerkleinsten.

(3) Das Wesen der Quantenphysik ist eine augenblickliche Verbindung zwischen zwei Teilchen (Einstein: *spukhafte Fernwirkung*). Das widerspricht den Relativitätstheorien.

(4) Es gibt eine reale Welt. Dazu WOLFGANG PAULI, Nobelpreisträger und Schüler Einsteins: *Eine solche Forderung ist metaphysisch.* Wer also an eine Realität glaubt, ist Metaphysiker!

(5) Die Heisenbergsche Unschärferelation ist ein Phantom.

Einstein hatte in allem Recht! Besonders Punkt (3) wurde zum großen Problem der Quantenphysik, zumindest, wenn man sie ernst nimmt und die dahinter liegende Realität begreifen will. 1935 konstruierte EINSTEIN zusammen mit PODOLSKY und ROSEN eine Situation, in der zwei Teilchen, die zur gleichen Zeit entstanden, auch in großer Entfernung voneinander noch eine Art telepathischer Verbindung haben. Ändert das eine seine Eigenschaften, indem beispielsweise seine Drehrichtung kippt, dann macht es ihm das Zwillingsteilchen augenblicklich nach. Ein solches Verhalten widerspricht allem, was den Physikern heilig ist, insbesondere den Relativitätstheorien, die Kausalwirkungen höchstens mit Lichtgeschwindigkeit zulassen und augenblickliche Wirkungen ausschließen.

Das EPR-Paradoxon, wie es genannt wurde, hat dann JOHN BELL auf eine exakte mathematische Grundlage gestellt und Vorschläge für ein echtes Experiment gemacht. ASPECT und andere haben ab 1982 das EPR-Paradoxon bestätigt: Es gibt eine überlichtschnelle Verbindung zwischen Zwillingsteilchen, und niemand weiß, wie das funktionieren soll.

Philosophie. Nach einem kurzen Ausflug in den Machschen Subjektivismus (siehe nächstes Kapitel sowie den Dialog zwischen Einstein und Heisenberg) wandte sich Einstein, als prominenter Vertreter der "alten Garde", wieder dem Realismus zu. Genauso konsequent, wie er in seiner "Speziellen Relativitätstheorie" in Anlehnung an Mach eine objektive Wirklichkeit abgelehnt hatte, vertrat er nun die Ansicht, die Welt sei real, folge strengen mathematischen Gesetzen, sei frei von Zufall und bis in alle Zeiten (Vergangenheit und Zukunft) determiniert:

Ich glaube noch an die Möglichkeit eines Modells der Wirklichkeit,

*d. h. einer Theorie, die die Dinge selbst und nicht nur die Wahr-
scheinlichkeit ihres Auftretens darstellt.*

Denn:

*Für die Physik ist es von grundlegender Bedeutung, dass man eine
wirkliche Welt annimmt, die unabhängig von jedem Wahrneh-
mungsakt existiert. Ich habe keinen besseren Ausdruck als den
Ausdruck "religiös" für dieses Vertrauen in die vernünftige und der
menschlichen Vernunft wenigstens einigermaßen zugängliche Beschaffenheit der Realität. Wo dieses Gefühl fehlt, da artet Wissenschaft in geistlose Empirie aus.*

Er bekämpfte die damals so gängige Ablehnung der Kausalität:

*Die Quantentheorie hat uns viele äußerst komplexe Vorgänge be-
schert. Um ihnen zu begegnen, müssen wir unseren Kausalbegriff
noch mehr erweitern und verfeinern.*

Und an Heisenberg schrieb er:

*In unserer wissenschaftlichen Erwartung haben wir uns zu Anti-
poden entwickelt. Du glaubst an den würfelnden Gott und ich an
volle Gesetzmäßigkeit in einer Welt von etwas objektiv Seiendem,
das ich auf wild spekulative Weise zu erhaschen suche.*

Konkret kritisierte er die Quantenphysik sowie die Deutung ihrer
Hauptfunktion Ψ so:

*Faßt man die ψ-Funktion in der Quantenmechanik als eine voll-
ständige Beschreibung eines realen Sachverhalts auf, so ist die
Hypothese einer schwer annehmbaren Fernwirkung impliziert.
Faßt man die ψ-Funktion aber als eine unvollständige Beschreibung eines realen Sachverhalts auf, so ist es schwer zu glauben,
dass für eine unvollständige Beschreibung strenge Gesetze für die
zeitliche Abhängigkeit gelten.*

Daraus entwickelte er dann sein Gedankenexperiment zur Feststellung einer augenblicklichen (überlichtschnellen) Verbindung zwischen zwei Zwillingsteilchen - ein Problem, an dem die

Wissenschaft noch heute knabbert bzw. das sie zu überlichtschneller Information, zur Quantenkryptografie und zur Teleportation nutzen will. - Von der späteren Quantenphysik hielt er nichts:

Der große anfängliche Erfolg der Quantentheorie kann mich doch nicht zum Glauben an das fundamentale Würfelspiel bringen, wenn ich auch wohl weiß, dass die jüngeren Kollegen dies als Folge der Verkalkung auslegen. Einmal wird sich's ja herausstellen, welche instinktive Haltung die richtige gewesen ist.

Richtig krass drückte er es so aus:

Diese Theorie erinnert mich ein wenig an das aus zusammenhanglosen Gedankenelementen zusammengeschusterte Wahnsystem eines außerordentlich intelligenten Paranoikers.

Persönliches. Einstein war ein weitblickender und dennoch sehr romantisch veranlagter Realist. Seine Bekannten schätzten seine Gutmütigkeit, seine Hilfsbereitschaft und seine Toleranz. Wo er konnte, förderte er junge Talente. Sein Horoskop drückt diese Charakterzüge sehr gut aus:

Ihr Lebensmotto: Was wohl die Welt im Innersten zusammenhält?

Sie sind ein intensiver und ernster Mensch mit dem Blick nach innen. Die Welt betrachten Sie vom Standpunkt des Philosophen aus. Mit den Oberflächeneindrücken sind Sie nie zufrieden. Sie wollen tiefer gehen bei allem, was Ihnen begegnet. Die profansten Dinge können bei Ihnen kosmische Dimensionen und tief greifende Auswirkungen annehmen. Wie schweigsam und unauffällig Sie auch erscheinen mögen, Ihr Geist ist immer aktiv, indem er Eindrücke aufsaugt und sich Gedanken macht um alles, was um Sie vorgeht.

Ihr Verstand ist zupackend und schnell. Die ersten Gedanken sind die besten. Sie denken direkt, lebhaft, persönlich, impulsiv. Wenn Sie einen Gedanken gefasst haben, sind Sie schwer davon abzubringen, und Sie werden ihn mit allen Mitteln verteidigen, auch wenn er falsch ist. Sie lieben geistige Auseinandersetzungen, die Sie sehr persönlich führen. Ihre Ideen sind ebenso eigenwillig wie originell. Im Prinzip ist Ihr Verstand nicht gerade ausdauernd, aber das kann durch andere Persönlichkeitsmerkmale wettgemacht werden.

Ihr Organisationstalent und Ihr Gespür für eigene Vorteile sind phänomenal. Dennoch werden Sie sich stets auch für sozial Schwache engagieren, bevorzugt im Rahmen einer großen Institution. Erfolg haben Sie auf ganz natürliche Weise, wo man in Toleranz & kameradschaftlicher Zusammenarbeit für soziale Gerechtigkeit und die Verbesserung des menschlichen Lebens kämpft; sowie als Pionier des Wassermann-Zeitalters im Kampf um eine bessere (auch spirituelle) Welt.

Sie haben die Fähigkeit, andere durch Toleranz und absolute Gleichberechtigung aller Wesen zu fördern.

→ Verschränkung

ERNST MACH (1838 (bei Brünn) -1916)

Nationalität: Österreich
Verdienst: Keine für die Quantenphysik belangvollen wissen-
schaftlichen Erkenntnisse. Dafür hat er mit seiner Philosophie des
Subjektivismus zahlreiche Physiker beeinflusst.
Nobelpreis: nein
Zitat: *"Ham se welche gesehen?"* (Standardantwort auf die Frage
nach der Existenz von Atomen)

Philosophie. Niemand hat mit seiner Weltanschauung andere Physiker so stark geprägt wie der respektlose Gelehrte aus Tschechien.
Der Sohn eines Seidenraupenzüchters, später Professor in Graz
und in Prag, hatte unmittelbaren Einfluss auf EINSTEIN, der seine
"spezielle Relativitätstheorie" (SRT) ganz nach den Machschen
Vorgaben gestaltete, sich später aber von dessen Philosophie distanzierte. Zu spät: Mit seiner Theorie, populär mit "Alles ist relativ" charakterisiert, wurde Einstein so berühmt, dass ihn viele
nachfolgenden Physiker als Vorbild nahmen. Insbesondere HEI-
SENBERG bewunderte Einstein und ahmte dessen SRT nach, was
den aber gar nicht amüsierte. Zusammen mit Bohr formulierte Heisenberg die philosophischen und erkenntnistheoretischen Grundlagen der Quantenphysik, die immer noch von der Mehrheit der
Physiker (so sie sich mit solchen Fragen beschäftigen) akzeptiert
wird.

So weit reichte Machs Ruhm, dass sich sogar ein gewisser Wladi-
mir Iljitsch Uljanow, besser bekannt als LENIN, mit seinen Ideen
ausführlich auseinandersetzte und sie als "Idealismus, der zum So-
lipsimus führt" verdammte. Zu Recht, wie wir gleich sehen werden. Der österreichische Dichter ROBERT MUSIL ("Der Mann ohne
Eigenschaften") schrieb eine Dissertation über den skeptischen
Gelehrten, die Mitglieder des "Wiener Kreises", einer lockeren
Vereinigung von Mathematikern und Philosophen, beriefen sich
auf ihn, und noch heute versuchen manche theoretischen Physiker,
das nach ihm benannte Prinzip in einer Theorie mathematisch zu
formulieren. Was also sagte Mach, das so viele beeindruckte?

Ganz simpel: Beschäftige dich als Wissenschaftler nur mit dem, was du wahrnehmen kannst. Stelle keine Hypothesen auf, betrachte eine wissenschaftliche Theorie als nützliches Instrument, etwas vorauszusagen. Falls die Theorie dabei versagt, verwirf sie und bastel dir eine bessere. Es gibt keine endgültige Wahrheit, nur nützliche Erkenntnisse. Eine Theorie sollte so ökonomisch wie möglich sein, sonst braucht sie nichts. Erklärungen gibt es nicht, über die zugrunde liegenden Realität mach dir keine Gedanken, darüber kannst du auch nichts erzählen. Mach hat damit die Worte LUDWIG WITTGENSTEINs vorausgenommen, der seinen "Tractatus logico-philosophicus" (1921) mit den Worten beschließt: "*Wovon man nicht sprechen kann, darüber muss man schweigen.*"

Und worüber kann man reden? Mach:

Nicht die Dinge (Körper), sondern Empfindungen sind eigentliche Elemente der Welt. Denn:

Die Natur setzt sich aus den durch die Sinne gegebenen Elementen zusammen. ... Es gibt in der Natur kein unveränderliches Ding. Das Ding ist eine Abstraktion, der Name ein Symbol für einen Komplex von Elementen, von deren Veränderung wir absehen.

Solche Worte finden wir dann wieder, fast in der gleichen Form, bei Heisenberg und Bohr. Nach Mach liegt die Aufgabe der Wissenschaft darin,

Erfahrungen zu ersetzen oder zu ersparen durch Nachbildung und Vorbildung von Tatsachen in Gedanken, welche Nachbildungen leichter zur Hand sind als die Erfahrung selbst und dieselbe in mancher Beziehung vertreten können.

Und er schlussfolgert:

Mit der Erkenntnis des ökonomischen Charakters verschwindet auch alle Mystik aus der Wissenschaft.

... eine Voraussage, die sich leider nicht bewahrheitete. Im Gegenteil: Die späteren Anhänger der Machschen Philosophie wurden fast alle zu seltsamen Mystikern, was weder sie noch ihre Umwelt erkannte.

Auch die Ablehnung der Kausalität durch Mach nimmt die Einstellung fast aller Quantenphysiker voraus:

In der Natur gibt es keine Ursache und keine Wirkung. Die Natur ist nur einmal da. Wiederholungen gleicher Fälle, in welchen A immer mit B verknüpft wäre, existieren nur in der Abstraktion, die wir zum Zwecke der Nachbildung der Tatsachen vornehmen.

Seine Philosophie, besser gesagt: die Ablehnung jeglicher Philosophie, klingt eher naiv, ja beinahe kindlich. So lehnt er es ab, Wasser so zu sehen wie alle Chemiker und Physiker: zusammengesetzt aus Wasserstoff und Sauerstoff. Das nämlich kann man nicht sagen, eine solche Umwandlung (Wasser → Wasserstoff + Sauerstoff, oder umgekehrt Wasserstoff + Sauerstoff → Wasser) wäre Metaphysik. Mach lehnte auch die Errungenschaft der Renaissance ab, die Welt perspektivisch darzustellen. Ja, für ihn hatte sogar eine Tischplatte, die uns trapezförmig erscheint, die wahre Gestalt - ein Trapez, kein Rechteck. So nimmt er die Position eines Kleinkinds ein, das sich wundert, wie Teddy hinter der Wand verschwindet und dann, neugeschaffen und möglicherweise gar nicht der ursprüngliche, auf der anderen Seite der Wand wieder auftaucht. Es gibt keine Realität dazwischen, nur der Schein zählt - auch in der Wissenschaft.

Deswegen gehören Machs "Elemente" auch eher in das Gebiet der Psychologie, für die sich Mach ebenfalls sehr interessierte und die er mit der Erfindung der "Gestaltpsychologie" vorantrieb. Seine Philosophie ist schwer einzuordnen. Er gehört zu den Vorläufern der "Positivisten", er war "Empiriokritizist" und Skeptiker, und sein "Idealismus" (Vorrang des Geistes über die Materie) gerät leicht in die Sackgasse des "Solipsismus" (nur ich existiere, alles andere ist nicht sicher). Auf jeden Fall war Mach Agnostiker, Anti-Metaphysiker - und Relativist. Ein Vergleich mit Newton lohnt sich.

NEWTON führte eine Größe ein, die sich außerordentlich bewährte und ohne die weder Wissenschaft noch Technik möglich wären: die Schwerkraft oder Gravitation. Doch Newton konnte diese Kraft nicht erklären, und als man ihn dazu drängte, sagte er bloß: *Ich mache keine Hypothesen.* Das wäre wohl ganz im Sinne Machs. Nicht in dessen Sinn ist allerdings Newtons Definition eines absoluten Raums und einer absoluten Zeit. Beides brauchte Newton für seine Gleichungen, beides führte er auf Gott zurück, aber das sind natürlich keine Rechtfertigungen für einen modernen Skeptiker. So versuchte Mach eine echte *Relativitätstheorie*, also die Ableitung der bekannten mechanischen Gesetze allein durch Relativbewegungen - ein Projekt, das schon Newtons Zeitgenosse LEIBNIZ befürwortet hatte, und an dem Mach scheiterte. Denn es stellte sich heraus. dass zwar gleichförmige Bewegungen durch die komplizierten Gleichungen relativer Abstände und relativer Geschwindigkeiten gut beschrieben werden können, nicht aber Kräfte, die in einer Ebene wirken. Einstein vermied später in seiner "SRT" diese Fallstricke, weil er Kräfte aussparte. Dafür kam er anderwertig in die Bredouille, aber das ist eine eigene Geschichte.

Lebte Mach heute, hätte er genug Material für seine sarkastischen Bemerkungen. Schade, dass er nichts mehr zu sagen hat über heute so beliebte Konzepte wie schrumpfbaren Raum, dehnbare Zeit, kosmische Fäden, 23 zusammengerollte Raumdimensionen, M-Brane (eine Art Fliegende Teppiche), dunkle Materie, dunkle Energie, metamorphierende Neutrinos, Quarks, die nie jemand zu Gesicht bekommen kann (darf?), usw. Aber vielleicht gibt es das alles ja auch, so wie die Atome ...

Persönliches. Mach war seiner Zeit weit voraus, ein respektloser Skeptiker ohne jegliche mystische Anwandlungen. Ein Astrologe würde sagen: eben ein typischer Wassermann. Hier Ausschnitte aus seinem Horoskop:

Sie sind ein tiefer Denker und beschäftigen sich mit abstrakten und philosophischen Problemen. Sie lieben die Freiheit über alles, haben Fantasie, einen großen Horizont, und einen Sinn für das Exotische. Das Altbekannte langweilt Sie, darum sind Sie ständig auf der Suche nach Neuem und Abenteuerlichem.

Trotz Ihrer intellektuellen Grundhaltung glauben Sie an den Wert der Erfahrung und an das Handeln als besten Lehrmeister. Gelehrte Meinungen interessieren Sie wenig; Sie entdecken und schaffen Ihre eigenen Welten und Ideale. Ihr Unabhängigkeitssinn ist bewundernswert und zeugt von Mut. Ihre rebellische Art bleibt Ihnen bis ins Alter erhalten.

Sie sind sehr erfinderisch und besitzen Pioniergeist, sei's in der Politik, in den Künsten, in den Wissenschaften. Durch Ihre positive Weltanschauung und Ihre lässige, respektlose Art wirken Sie auf viele Menschen anziehend. Manche halten Sie für etwas seltsam, weil Sie so exzentrisch sind. Einige Ihrer eher unkonventionellen Interessen erschrecken die Umwelt. Aber Sie sind so gern anders, und zur Hölle mit der Zivilisation. Sie gehen immer Ihren eigenen Weg.

Ihr Verstand ist wahrheitsliebend, originell und weitblickend, aber manchmal etwas starr. Sie denken abstrakt und mathematisch und bauen gern geistige Systeme. Ihr offener Geist sucht stets neue Abenteuer, er liebt es aber auch, andere durch ungewöhnliche Einsichten zu schockieren. Wahrheit ist Ihnen wichtiger als Tradition oder Nützlichkeit. Mit Ihrer nüchternen Distanz können Sie geistig alles aufnehmen, auch Dinge aus der Tiefe (oder Höhe): Sie sind also auch hellsichtig.

NIELS BOHR (1885 (Kopenhagen) - 1962)

Nationalität: Dänemark
Verdienst: Schuf das erste brauchbare Atommodell, dem Sonnensystem nachgebildet. Erklärte Licht als "Quantensprünge" von Elektronen. Trieb die frühe Quantenphysik durch Förderung des Nachwuchses und durch philosophische Überlegungen ("Komplementaritätsprinzip") und Auseinandersetzungen mit Einstein voran.
Nobelpreis: 1922 "für seine Verdienste um die Erforschung der Struktur der Atome und der von ihnen ausgehenden Strahlung"
Symbol:

Bedeutung: Elektronen umkreisen den Atomkern wie Planeten die Sonne.

Zitat: *"Nun bedeutet aber das Quantenpostulat, dass jede Beobachtung atomarer Phänomene eine nicht zu vernachlässigende Wechselwirkung mit dem Messungsmittel fordert, und dass also weder den Phänomenen noch dem Beobachtungsmittel eine selbständige physikalische Realität im gewöhnlichen Sinne zugeschrieben werden kann."*

Die Aufmerksamkeit der Forscher richtete sich inzwischen auf jenen Bereich, in dem die Vorgänge bei Absorption und Emission von Licht recht exakt studiert werden konnten: auf die Analyse von **Spektren**. Seitdem KIRCHHOFF und FRAUNHOFER entdeckt hatten, dass jeder Stoff ganz charakteristische Farben - schmale Farbstreifen innerhalb eines Farbbands - aussendet und diese Spektrallinien sich unter bestimmten Umständen auch veränderten, glaubte man, den Schlüssel zum Geheimnis der Wechselwirkung zwischen Licht und Materie in ebendiesen Spektren gefunden zu haben.

Bohr hatte bei dem Altmeister der Kernforschung, ERNEST RUTHERFORD, ein Forschungssemester verbracht. Er war also mit dem Verhalten des Atomkerns vertraut, und er sah die

Notwendigkeit, ein Modell für die Bestandteile eines Atoms zu entwickeln, das irgendwie die Lichtaussendung der Atome erklären könnte.

So entwarf er 1913 ein Modell, das auch heute noch verwendet wird und sich als außerordentlich nützlich erwies: Er übertrug die Verhältnisse des Sonnensystems auf die Zustände in einem Atom. Jeder kennt das Bohrsche Atomsystem: Um einen aus Protonen und Neutronen bestehenden Kern kreisen Elektronen. Es waren allerdings nur bestimmte Bahnen erlaubt; nur in denen blieben die Elektronen stabil. Warum es bevorzugte Bahnen gab, blieb den Quantenphysikern ein Geheimnis - dabei hätten sie nur die Astronomen fragen müssen, denn die kennen das Phänomen aus der Himmelsmechanik. Doch das nur nebenbei.

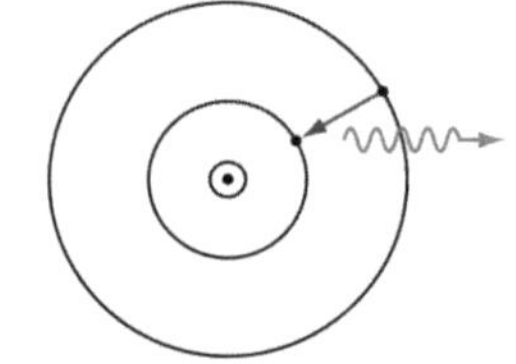

Jedenfalls musste Bohr einige Gesetze der klassischen Physik aufgeben und durch seine "Quantenpostulate" ersetzen, für die er keine Begründung gab, die aber eine erstaunlich gute Erklärung für alle experimentellen Daten lieferten und die Wissenschaftler auch weiter brachten. Denn dazu sind Modelle da: dass man, auf ihnen aufbauend, zu neuen Erkenntnissen kommt.

Sein besonderes Verdienst bestand in einer Erklärung, wie Licht entsteht (siehe Grafik): Trifft ein Lichtstrahl der richtigen Energie = Frequenz (also Farbe) auf das Atom, hebt seine Energie das Elektron auf eine höhere Bahn, von wo aus es ziemlich schnell wieder zurück springt und das empfangene Licht wieder aussendet - möglicherweise leicht verändert. Das ist der berühmte **Quantensprung**. So konnten die Spektren vieler Stoffe erklärt werden. Eine kleine Verfeinerung des Modells durch Arnold Sommerfeld - er führte, wie auch im Planetensystem, elliptische Bahnen ein - konnte auch den Rest der Beobachtungen sehr gut mathematisch erklären.

Seinen weiteren Werdegang schildert Wikipedia so: "*In den Folgejahren konzentrierte sich Bohr weiterhin auf die Fragen der*

Quantenmechanik, während sein Atommodell den Pionieren der Kernforschung beim Verständnis elementarer Eigenschaften der chemischen Elemente half. Das Modell bot Erklärungen für die Valenzen, den Metall- und Nichtmetallcharakter der Stoffe sowie für die Ioneneigenschaften. Er selbst versuchte die durch den Beschuss mit Partikeln ausgelösten Reaktionen der Atomkerne zu erklären und führte zu diesem Zweck den Begriff des „Compoundkernes" ein. 1936 entwickelte er zwei neue Atommodelle, die er als Sandsack- und Tröpfchenmodell bezeichnete. Gemeinsam mit John Archibald Wheeler erarbeitete er die Möglichkeit der Energiegewinnung, nachdem Otto Hahn und Friedrich Wilhelm Straßmann die erste Kernspaltung durchführten."

Interessant ist Bohrs Theorie aus dem Jahr 1924, die er zusammen mit Kramers und Slater veröffentlichte, und die sich kurz danach als falsch erwies (durch Experimente von Bothe und Geiger widerlegt wurde). Doch die Ideen dieser Theorie blieben erhalten und fanden später Eingang in die Quantenphysik. Bohr, Kramers und Slater postulierten unter anderem:

- Die grundlegendsten Prinzipien der Physik, Erhaltung des Moments und der Energie, gelten nicht mehr.

- Eine kausale Erklärung der Naturvorgänge, wie sie die klassische Physik anbietet (und fordert), wird strikt abgelehnt.

- Die Naturvorgänge im Innern der Atome werden von "virtuellen" Feldern beherrscht. Später wurden daraus "Wahrscheinlichkeitsfelder". Diese Felder erlauben eine augenblickliche Kommunikation der physikalischen Teilchen ohne Zeitverzögerung über beliebige Entfernungen hinweg.

Bohr hatte mit der höheren Mathematik, wie sie sich nun zunehmend durchsetze, ohnedies nichts im Sinn. Seine Kollegen in Kopenhagen haben seine mathematischen Kenntnisse so charakterisiert:

Er kannte nur zwei mathematische Symbole: Das eine war

"ungefähr gleich", das andere "wesentlich größer als".

Doch gerade durch die Konzentration nicht auf Zauberformeln, sondern auf eine anschauliche und verständliche Wirklichkeit, war Bohr beinahe der einzige sinnvolle und realitätsnahe Beitrag zur Quantenphysik gelungen.

Philosophie. Niemand hat die Philosophie der Quantenphysik so entscheidend geprägt wie der sanftmütige und wohlerzogene Däne, der manchmal so rabiat werden konnte wie ein Sektenführer - als der er auch von seinen Anbetern betrachtet wurde. So wie es ein "Augsburger Bekenntnis" für die Lutheraner gibt, so gibt es auch eine **Kopenhagener Deutung** der Quantenphysik, benannt nach dem Wohnort von Bohr. Die nach dieser Deutung betriebene Quantenphysik heißt noch dazu **orthodox**, ein Ausdruck, den wir sonst nur aus der Theologie kennen. Denn "orthodox" bedeutet "richtig" oder "vom Papst genehmigt" - und der Papst war in diesem Fall Bohr. Aber auch der Begriff "Deutung" hat in der Physik gar nichts zu suchen. Er wird ebenfalls in der Theologie verwendet, wenn es darum geht, die verschwommenen Worte des Meisters auf eine konkrete Situation anzuwenden. Hier war es genauso; siehe unseren Exkurs über Herrn von Weizsäcker, der vergeblich darüber grübelt, was die Worte seines Meisters wirklich bedeuten könnten.

Bohrs philosophische Exkursionen begannen mit dem Begriff der **Komplementarität**, dessen Idee ursprünglich von Einstein stammte. Immer wieder versuchte Bohr, die in der Quantenphysik besonders sichtbaren (und anscheinend unüberwindlichen) Gegensätze zu vereinen, zumindest zu versöhnen. Zunächst wandte Bohr den (nie exakt definierten) Begriff auf den Gegensatz von Temperatur und Energie an, bis er erkannte, dass es in der Physik genügend echte Gegensätze gibt, z.B. den zwischen Licht und Materie, zwischen Wellen und Korpuskeln, aber auch zwischen "komplementären" Messgrößen wie Ort - Impuls oder Energie - Zeit.

Auffallend sind die nihilistischen Aspekte der Bohrschen

Philosophie. Es gibt keine Kausalität, es gibt keine Realität, es gibt keine Messschärfe, es gibt ... immer wieder *keine*. Bohr war ein Anhänger des Philosophen SØREN KIERKEGAARD, dessen Ideen er durch seinen Freund HØFFDING kennen lernte. Kierkegaard und andere Existentialsten waren der Meinung:

- Erkennendes Subjekt und existierendes Objekt sind nicht trennbar. (Die Welt gibt es nur, wenn man sie beobachtet.)

- Die Welt wird vom Zufall beherrscht. (Nur eine statistische Interpretation der ψ-Funktion ist zulässig.)

- Die Wirklichkeit ist letzten Endes nicht erkennbar. (Es gibt keine Realität.)

- Alles geschieht sprunghaft. (Quantensprünge sind wesentlich für die Quantenphysik.)

- Eine strikte Kausalität existiert nicht.

Wirklich erstaunlich - alle diese Ideen finden sich unverändert in der "Kopenhagener Deutung" der Quantenphysik wieder. Allerdings, die existentialistischen Gedanken entsprachen dem Zeitgeist. In dieser oder jener Form finden wir sie beispielsweise auch

- bei dem amerikanischen Philosophen und Psychologen WILLIAM JAMES, der den Begriff "Komplementarität" prägte. Bei ihm war es der Zustand eines durch Hypnose gespaltenen Bewusstseins, bei Bohr wurde daraus eine Spaltung der Welt in Beobachter und Wirklichkeit, in Welle und Teilchen.

- bei dem Philosophen und Mathematiker CHARLES SANDERS PEIRCE, der die Philosophie des "Tychismus" erfand: Das Universum wird vom Zufall (griechisch = tyche) beherrscht.

- bei dem deutschen Physiker, Physiologen und Esoteriker FRIEDRICH EXNER, der jedwege Kausalität im Bereich des Mikrokosmos ablehnte und einem unbeschränkten "Indeterminismus" frönte: Alles ist unbestimmt und damit selbstverständlich auch unbestimmbar.

Mehr noch: Auch die Sprache des Existentialismus, besonders schön zu studieren bei Heidegger, färbte auf Bohr ab. Hier ein Beispiel für die verschwurbelte Ausdrucksweise von Bohr (Argumente gegen die Einwände von Einstein-Rosen-Podolsky):

"Da diese Bedingungen ein internes Element der Beschreibung eines jeglichen Phänomens, an das der Ausdruck "physikalische Realität" eigentlich angehängt werden kann, darstellen, sehen wir, dass die Argumentation der erwähnten Autoren ihre Schlussfolgerung, die quantenmechanische Beschreibung sei wesentlich unvollständig, nicht rechtfertigt. Im Gegenteil, diese Beschreibung kann, wie aus der vorhergehenden Diskussion ersichtlich ist, als rationale Verwendung aller Möglichkeiten einer unzweideutigen Interpretation von Messergebnissen charakterisiert werden, die im Einklang mit der endlichen und nicht steuerbaren Interaktion zwischen den Objekten und den Messinstrumenten im Bereich der Quantentheorie steht. Tatsächlich ist es nur die gegenseitige Ausschließung zweier beliebiger experimenteller Vorgänge, welche die eindeutige Definition komplementärer physikalischer Größen erlaubt, welche neuen physikalischen Gesetzen Raum gibt, deren gleichzeitiges Vorhandensein im ersten Augenblick unvereinbar mit den Grundprinzipien der Wissenschaft erscheint."

Nix verstanden? Dann trösten Sie sich mit einem abgewandelten Zitat des Nobelpreisträgers Richard Feynman: Wer Bohr verstanden hat, hat ihn nicht verstanden. Das Gegenteil trifft allerdings nicht zu. Auch so intelligente Zeitgenossen wie FRIEDRICH VON WEIZSÄCKER erstarrten vor Ehrfurcht, wenn sie den Worten des Meisters lauschten. Als er einst Bohr besuchte und ihn, wie üblich, nicht verstanden hatte, nahm er nicht etwa an, Bohr hätte möglicherweise gar nichts Großartiges geäußert. Nein, Weizsäcker quälte sich "in endlosen einsamen Spaziergängen" damit ab herauszufinden, wie jemand denken und argumentieren müsse, um Bohr Recht zu geben.

Leider haben seine Zeitgenossen die gelegentliche Hohlheit seiner Argumente nicht durchschaut (oder nicht durchschauen wollen), sodass er weiterhin *der* Philosoph, *der* Deuter, *der* Interpret der Quantenphysik wurde, eine Art Papst der neuen Wissenschaft, dessen Worte unwidersprochen entgegengenommen wurden. Bohr wurde als Guru, ja als Erlöser gesehen. So schrieb der eher skeptische, manchmal zynische und sehr selbstbewusste WOLFGANG PAULI im Jahre 1925: *"Physik ist viel zu schwer für mich. Ich wünschte, ich wäre Filmkomiker oder so etwas Ähnliches geworden ... Jetzt hoffe ich inständig, dass Bohr uns alle retten wird mit einer neuen Idee. Ich verlange dringend, dass er das tut."*

Auch andere Physiker wie beispielsweise ERNST MACH (klassische Mechanik), LOUIS DE BROGLIE (Quantenphysik) und HENRI POINCARÉ (Relativitätstheorie) lehnten die Kausalität, Grundlage einer jeden rationalen Naturbeschreibung, explizit ab. Nihilismus und Anarchie lagen in der Luft - und diese Ideen waren so stark, dass selbst die Autorität eines Albert Einstein in späteren Jahren vergeblich dagegen ankämpfte.

Persönliches. Bohrs Auftreten als Guru wurde schon erwähnt. Einstein nannte ihn einen *Propheten*, und das war eher abwertend gemeint. Der besonders autoritätsgläubige Biograph ABRAHAM PAIS deutete alle Mängel Bohrs ins Positive: aus Unwissen wurde "Intuition"; aus seiner Unfähigkeit, sich verständlich auszudrücken, wurde "Streben nach Wahrheit". Die Hohlheit seiner Argumente mutierte zu "tiefen Weisheiten, die durch Worte nicht adäquat ausgedrückt werden können". Seine Unverständlichkeit war ein Zeichen von "Genialität", seine Wiederholungen zeugten von "Tiefe", und die Propaganda, die er für seine Pseudolehre betrieb, diente zur "Einbeziehung der Menschen".

Apropos Guru und Propaganda: Dass Bohr seine Ideen mit aller Härte und Autorität durchzusetzen verstand, zeigen verschiedene Episoden:

- 1924 veröffentlichte Bohr zusammen mit den Jungphysikern KRAMERS und SLATER die schon erwähnte BKS-Theorie, die damals wegen ihrer revolutionären Ideen für Aufsehen sorgte, sich aber kurz darauf als falsch erwies und deshalb heute zu Recht vergessen ist. Wie es zur Veröffentlichung kam, wirft ein bezeichnendes Bild auf den Charakter von Bohr: In täglichen, unerbittlichen Diskussionen versuchte Bohr den jungen Kramers zu seinen Ideen zu überreden. Kramers war nach einer solchen Diskussion ausgelaugt, deprimiert und am Boden zerstört. Schließlich wurde er krank und musste ins Hospital. Am Ende war er überzeugt, besser gesagt: Er leistete keinen Widerstand mehr. Jetzt galt es, Slater zu überzeugen. Der sagte über diese Zeit: "Was die beiden schrieben, mochte ich nicht, aber ich sah keine Möglichkeit, gegen sie zu kämpfen ... Es war eine schreckliche Zeit in Kopenhagen."

- Genauso ging es ERWIN SCHRÖDINGER. Als er einst den berühmten Dänen in seinem Domizil in Kopenhagen besuchte, versuchte dieser mit aller Macht, seinen Gast zur einzig wahren, eben "orthodoxen" Meinung zu bekehren. Werner Heisenberg, ein großer Bewunderer von Bohr, schrieb in seinen Erinnerungen über seinen Lehrmeister: *Bohr erschien mir plötzlich als unnachgiebiger Fanatiker, der seinem Diskussionspartner gegenüber zu keinem einzigen Zugeständnis bereit war oder auch nicht die kleinste Ungenauigkeit duldete.*

Er selbst konnte Bohrs dominierender Persönlichkeit nichts entgegensetzen. Nach tage- und nächtelangen heftigen Diskussionen mit ihm erinnert er sich 1962: *"Es endete damit, dass ich in Tränen ausbrach, denn ich konnte den Druck, der von Bohr ausging, nicht mehr ertragen."*

Zurück zu Schrödingers Besuch bei Bohr. So sehr bedrängte der Gastgeber seinen Gast, dass dieser krank wurde. Doch darauf nahm Bohr keine Rücksicht: Er saß am Bett des verschnupften Schrödinger und bedrängte ihn mit seinem Wortschwall, wobei jeder Satz mit den Worten begann: *"Aber Schrödinger, Sie müssen doch zugeben, dass -".* Schrödinger gab nichts zu, hielt sich aber aus derartigen Diskussionen in Zukunft heraus. Neben Einstein war er der Einzige, der Bohrs Missionsversuchen widerstand.

- Und schließlich hatte auch HUGH EVERETT Pech, als er, auf Empfehlung seines Doktorvaters John Archibald Wheeler, seine Ideen dem inzwischen 75-jährigen Altmeister in Kopenhagen vortragen wollte. Dieser hörte ihm schlicht nicht zu.

Kurzum: Bohr duldete keinen Widerspruch, und Einsteins (durchwegs sachliche) Einwände empfand er als *Hochverrat*. Freundlich und autoritär, klar und verschwurbelt, interessiert und abgeschlossen - er war ein Bündel aus Widersprüchen. So eindeutig und entschlossen er in politischer Hinsicht handelte - während der deutschen Besatzung Dänemarks engagierte er sich im Widerstand, beim schwedischen König setzte er sich erfolgreich um Asyl für seine jüdischen Landsleute ein, und nach dem Krieg warnte er vor dem Missbrauch der Atomenergie - so sehr blieb er persönlich ein eigensinniger, von sich selbst überzeugter Vertreter seiner Weltanschauung. Und dann auch wieder einer, der Gegensätze versöhnen möchte. Sein Horoskop sagt dazu:

Sie verbinden ästhetisches Gefühl und soziales Gewissen mit analytischen und kritischen Fähigkeiten. Sie sind ein aufmerksamer und intellektueller Mensch. Wenn man Sie um Ihre Meinung bittet, kann man eine längere Rede von Ihnen erwarten. Im Grunde sind Sie ein Beobachter und Sie analysieren und tüfteln gern. Ihre Beobachtungen treffen fast immer ins Ziel.

Sie haben ein starkes Bedürfnis danach, sich zu äußern und Ihre Meinung der Umwelt bekannt zu machen. Sie wollen unbedingt beliebt sein. Jeder, der Sie kennt, respektiert Sie. Sie haben ein angeborenes Gefühl für Symmetrie, Formen, Gestaltung.

Sie sind der geborene Führer, ausdauernd, autoritär, aber auch großzügig und gerecht. Gern kümmern Sie sich um diejenigen, die Ihre Hilfe brauchen, während Sie sich mit gleichberechtigten oder gar überlegenen Menschen nicht so gut verstehen.

→ Wie wirklich ist die Wirklichkeit?

WERNER HEISENBERG (1901 (Würzburg) - 1976)

Nationalität: Deutschland

Verdienst: Schuf die erste in sich geschlossene Quantentheorie ("Matrizenmechanik"). Formulierte die nach ihm benannte "Unschärferelation". Erarbeitete zusammen mit Bohr die Grundlagen für die Philosophie der "Kopenhagener Deutung".

Nobelpreis: 1932 "für die Begründung der Quantenmechanik, deren Anwendung unter anderem zur Entdeckung der allotropen Formen des Wasserstoffs geführt hat"

Formel: $\Delta p \cdot \Delta q \geq \hbar/2$ (Unschärferelation)

Bedeutung: Zwei 'kanonisch-konjugierte' Observable (hier: Impuls und Ort) können nicht gleichzeitig exakt gemessen werden.

Zitat: *"Ein geschlossenes System ist objektiv, aber nicht real, und die Idee eines "objektiven realen Dings" muss aufgegeben werden."*

Der jugendliche Wanderbursche aus Würzburg, der so sehr Schifahren, die Berge und Wandern mit seinen Jungbuschen liebte, hat entscheidend zur Entwicklung der Quantenphysik beigetragen. Seine physikalische Intuition verband sich mit einer ungewöhnlichen Meisterschaft in der Behandlung abstrakter mathematische Probleme. Und, wie es so oft bei großen Gestalten der Weltgeschichte vorkommt: Er musste sich mit Problemen auseinandersetzen, für die er als Wissenschaftler nicht vorbereitet war, für die er keine Problemlösungsverfahren gelernt hatte, die ihn auch nicht interessierten: Politik. Im Speziellen die Politik der Nazis, in die er verwickelt wurde, was seinem Nachruhm einen bitteren Beigeschmack gibt.

Aber erst steht er als jugendlicher Held der Wissenschaft da. Als erster schaffte er das, was alle erhofften und erwarteten: eine in sich geschlossene, widerspruchsfreie, erweiterbare, sehr erfolgreiche mathematische Theorie der Quantenerscheinungen - aller Phänomene, der gegenwärtigen und der zukünftigen. Wie er dazu kam, habe ich in einem eigenen Kapitel ausführlich dargelegt. So viel zur Zusammenfassung: Heisenberg wollte das, was man beobachten kann, mathematisch erfassen. Beobachtbar waren aber nur

Spektrallinien, die allein durch zwei Parameter beschrieben werden können: Frequenz (Wellenlänge) und Intensität des abgestrahlten Lichts. Die Formeln, die er dabei fand, irritierten ihn zunächst ziemlich, denn ein wichtiges Gesetz bei der Multiplikation von Zahlen galt hier nicht mehr: ihre Vertauschbarkeit. Es machte einen Unterschied, ob mit Heisenbergs Formeln a × b oder b × a berechnet wurde. Die beiden Rechnungen führten zu verschiedenen Ergebnissen. Kurz danach erkannten BORN und sein Schüler JORDAN das Geheimnis der "Nicht-Kommutativität": Es handelte sich bei Heisenbergs Größen um **Matrizen**. Allerdings hatte vorher schon Dirac diesen Zusammenhang beim Lesen der Korrekturbögen des Heisenbergschen Artikels erkannt. Der mathematische Formalismus war bekannt (zumindest den Mathematikern), und so konnte die Theorie angewandt und ausgebaut werden. Ihre Anwendung führte zu den experimentell bekannten Resultaten und ergab neue Richtungen der Forschung - obwohl dabei aus einer ganz gewöhnlichen Zahl (der Angabe des Ortes eines Teilchens) eine unendlichdimensionale Matrix wurde!

Daran knüpfen sich auch manche vorsichtig geäußerten Kritiken. So schrieb Einstein 1927, kurz nach Vorstellung der Heisenbergschen Matrizenmechanik:

"... die Multiplikationstabelle eines echten Zauberers, wo unendliche Matrizen die kartesischen Koordinaten ersetzen. Sie ist extrem genial, und wegen ihrer großen Komplexität auch hinreichend gegen Widerlegungen gewappnet."

Arnold Sommerfeld meinte dazu: *"Der Wahrheitsgehalt [der Matrizenmechanik] scheint unbezweifelbar zu sein. Aber ihre Handhabung ist äußerst umständlich und abschreckend abstrakt. Hier kommt uns Schrödinger [mit seiner Wellenmechanik] zu Hilfe."*

Nicht nur das: Heisenbergs Matrizen sagen nichts über die zugrundeliegende Wirklichkeit (was ja seine Absicht war) und können damit auch keine wirklichen Voraussagen machen, denn die Zeit kommt in ihnen nur als physikalisches Feigenblatt vor, nicht aber als echter Parameter, der die Entwicklung eines Systems vorantreibt. Zudem konnte die Theorie mit den Matrizen nicht erweitert werden: Schon beim Helium-Atom versagte sie.

Wirklich bekannt wurde der Jungprofessor aber durch eine eher philosophische Entdeckung, durch die nach ihm benannte Unfähigkeit des Wissenschaftlers (oder der Natur?), sich in Bezug auf bestimmte Beobachtungsgrößen festlegen zu können. Der berühmten *Unschärferelation* widmen wir ein eigenes Kapitel. Wie so oft in der Wissenschaft gebührt Heisenbergs geistigen Vorarbeitern auch ein Verdienst an dieser Entdeckung. Besonders der vielseitige DIRAC ist hier zu erwähnen, denn ihm gelang die Berechnung der Vor-Formel für die Unschärferelation: die Differenz zwischen a × b und b × a.

Mit diesen Entdeckungen endete mitnichten Heisenbergs Karriere. Man kann sagen: Er blieb sein ganzes Leben lang kreativ. So schuf er fast im Alleingang die ideellen, mathematischen und technischen Grundlagen der Nuklearphysik. Zahlreiche seiner Ideen waren höchst originell, wurden aber von der Fachwelt nicht weiter verfolgt. So dachte er sich einmal die Welt als räumliches Kristallgitter mit einer kleinsten Länge, die nicht unterschritten werden kann, und seine "Weltformel", an der er ab 1950 arbeitete, sollte die Eigenschaften aller bekannten und noch zu entdeckenden Elementarteilchen beschreiben:

$$\gamma_v \frac{\partial \Psi}{\partial x_v} \pm l^2 \gamma_\mu \gamma_s \Psi(\Psi^* \gamma_\mu \gamma_s) = 0$$

1958 wurde sie bei großem Interesse der Medien der Öffentlichkeit vorgestellt. Doch niemand arbeitete mit ihr. Die Wissenschaftsszene hatte sich nach den USA verlagert (auch dank der Nazipolitik, alle Wissenschaftler von Rang zu vertreiben), und da in seiner Formel keine "Quarks" vorkamen (das Lieblingsobjekt der damaligen Nuklearphysiker), wurde sie zu den Akten gelegt. Schade, wer weiß, was noch alles in ihr steckt.

Heisenbergs Hauptverdienst aber liegt in der Präzisierung einer Philosophie, die auch heute noch für Quantenphysiker (sofern sie sich mit Philosophie beschäftigen) verbindlich ist: der *Kopenhagener Deutung*, benannt nach der Wirkungsstätte von Heisenbergs Lehrer Niels Bohr.

Philosophie. Heisenbergs philosophisches Vorbild war der Physiker und Philosoph ERNST MACH, der die Beschränkung auf beobachtbare Dinge gefordert hatte. Das wären in diesem Fall Spektren. ALBERT EINSTEIN, ein weiteres Vorbild für Heisenberg (und viele andere), hatte die Machschen Grundsätze bekanntlich in seiner "Speziellen Relativitätstheorie" angewandt, und so entwickelte sich zwischen den beiden Amatörphilosophen eine höchst interessante Diskussion (leicht gekürzt):

Einstein: *"Was Sie uns da erzählt haben, klingt ja sehr ungewöhnlich. Die Bahnen der Elektronen im Atom, die wollen Sie ganz abschaffen, obwohl man doch die Bahnen der Elektronen in einer Nebelkammer unmittelbar sehen kann. Können Sie mir die Gründe für diese merkwürdigen Annahmen etwas genauer erklären?"*

Heisenberg: *"Die Bahnen der Elektronen im Atom kann man nicht beobachten, aber aus der Strahlung, die von einem Atom bei einem Entladungsvorgang ausgesandt wird, kann man doch unmittelbar auf die Schwingungsfrequenzen und die zugehörigen Amplituden der Elektronen im Atom schließen. Die Kenntnis der Gesamtheit der Schwingungszahlen und der Amplituden ist doch auch in der bisherigen Physik so etwas wie ein Ersatz für die Kenntnis der Elektronenbahnen. Da es aber doch vernünftig ist, in eine Theorie nur die Größen aufzunehmen, die beobachtet werden können, schien es mir naturgemäß, nur diese Gesamtheiten, sozusagen als Repräsentanten der Elektronenbahnen, einzuführen."*

Einstein: *"Aber Sie glauben doch nicht im Ernst, dass man in eine physikalische Theorie nur beobachtbare Größen aufnehmen kann."*

Heisenberg: *"Ich dachte, dass gerade Sie diesen Gedanken zur Grundlage Ihrer Relativitätstheorie gemacht hätten? Sie hatten doch betont, dass man nicht von absoluter Zeit reden dürfe, da man diese absolute Zeit nicht beobachten kann. Nur die Angaben der Uhren, sei es im bewegten oder im ruhenden Bezugssystem, sind für die Bestimmung der Zeit maßgebend."*

Einstein: *"Einen guten Trick solle man nicht zwei Mal versuchen. Vielleicht habe ich diese Art von Philosophie benützt, aber sie ist trotzdem Unsinn. Oder ich kann vorsichtiger sagen, es mag heuristisch von Wert sein, sich daran zu erinnern, was man wirklich beobachtet. Aber vom prinzipielleren Standpunkt aus ist es ganz falsch, eine Theorie nur auf beobachtbare Größen gründen zu wollen. Denn es ist ja in Wirklichkeit genau umgekehrt. **Erst die Theorie entscheidet darüber, was man beobachten kann.**"*

Besonderen Wert legte Heisenberg auf die Abschaffung der Kausalität, ja sogar der Realität jenseits des Beobachtbaren, und auf sein Prinzip, das gelegentlich auch "Unbestimmtheitsrelation" genannt wird, und das im Englischen "Unsicherheit" heißt, sich in diesem Fall also nicht auf die Natur, sondern auf den Menschen bezieht. Schon 1925 stellte er fest:

Bei dieser Sachlage scheint es geraten, jede Hoffnung auf eine Beobachtung der bisher unbeobachteten Größen (wie Lage, Umlaufzeit des Elektrons) ganz aufzugeben. Sodass sich daraus logisch ergibt:

Ein von der Außenwelt abgeschlossenes System ist potenziell, aber nicht aktuell. Es ist objektiv, aber nicht real. Die Idee eines 'objektiven und realen' Dings muss aufgegeben werden. 1930 sagte er dann:

Die Auflösung der Widersprüche in der Atomphysik kann nur durch einen weiteren Verzicht alter und geschätzter Ideen erreicht werden. Die wichtigste unter denselben ist die Vorstellung, dass die Naturerscheinungen exakten Gesetzen - dem Kausalprinzip - folgen.

Die Aufhebung der Kausalität ergibt sich aus dem Unbestimmtheitsprinzip:

In prinzipieller Hinsicht hat die von der Natur festgestellte Genauigkeitsgrenze die wichtige Folge, dass das Kausalgesetz in gewisser Weise gegenstandslos wird.

Man beachte: Die "Genauigkeitsgrenze" ist nicht etwa eine menschliche Entdeckung, sondern sie wird *von der Natur* vorgeschrieben! Heisenberg war nämlich von seiner Theorie (der Matrizenmechanik) so überzeugt, dass er alles, was die Theorie voraussagte, in die Natur verlagerte: Er selbst konnte nicht irren, nur die Natur. Konsequenterweise meint denn auch der Meister,

... dass nur solche Situationen überhaupt in der Natur vorkommen, die in dem mathematischen Formalismus der Quantentheorie auch ausgedrückt werden können.

Die Natur muss sich seinen Formeln anpassen, nicht umgekehrt. Er war überzeugt: Nichts geschieht, wenn die Quantenmechanik (*seine* Quantenmechanik) sagt, dass es nicht geschehen darf. Der Philosoph KARL POPPER hat Heisenbergs Ideen sarkastisch so beschrieben:

Heisenberg versuchte, eine kausale Erklärung dafür zu geben, dass es keine Kausalität gibt.

Politik. Es ist die Tragik großer Denker, gelegentlich in die Niederungen der Politik hinabgezogen zu werden. Manche zeigen dann erst recht ihre Talente, ihre moralische, gesellschaftliche und politische Verantwortung. So wie Newton, als er als oberster Münzwächter das Münzwesen vernünftig reformierte und außerdem den berüchtigsten Fälscher der damaligen Zeit unerbittlich verfolgte. So wie Einstein und Bohr, die erst den Bau einer Atombombe in den USA befürworteten und dann öffentlich und unermüdlich gegen ihren Einsatz protestierten. Bei Heisenberg und bei dem ebenso geachteten Planck war das nicht der Fall. Sie wurden in den Strudel nationalsozialistischer Macht- und Rassenpolitik gezogen, und sie reagierten so wie alle deutschen Professoren: Was die Obrigkeit tut, ist in Ordnung, uns steht es nicht zu, diese zu kritisieren. Oder, wie es der Wiener Kabarettist HELMUTH QUALTINGER in einem seiner ätzenden Kabarettstückchen so treffend sagte: *Der Papa wird's scho richten.* Nur dass der "Papa" in diesem Fall keine wohlwollende Vaterfigur war, sondern ein geifernder Fanatiker. Korrekturen der obrigkeitlichen Entscheidungen erfolgten, wenn überhaupt, in Hinterzimmern und auf der Ebene persönlicher Beziehungen.

Planck und Heisenberg waren bei Hitlers Machtergreifung die angesehensten nicht-jüdischen Wissenschaftler. Doch Planck, damals 75-jährig, wollte nichts als seine Ruhe, und der erst 32-jährige Heisenberg hatte ehrgeizige Pläne. Zudem glaubte er ehrlich an das deutsche Wesen und seine Erneuerung durch die Nationalsozialisten. Beide reagierten so ähnlich wie der damalige britische Premierminister: *Hush, hush, everything's all right.* Auf Deutsch: Haltet die Klappe, der Papa wird's schon richten. Dem "Papa" und seinem Anhang gelang es innerhalb eines Jahres, das internationale Zentrum physikalisch-mathematischer Forschung zur Bedeutungslosigkeit zu degradieren: Göttingen, Babel der wissenschaftlichen Welt, wurde durch den Exodus "nicht-arischer" und/oder aufmüpfiger Mitarbeiter zu einer Provinz-Universität, die es heute noch ist.

Heisenberg und Planck reagierten mit eher lauen Versuchen, durch persönliches Vorsprechen beim Führer und seinen Ministern für einige ihrer Kollegen Dispens oder wenigstens Aufschub zu erreichen - ein Versuch von Seiten Plancks, dem der Führer auf seine übliche Weise begegnete: mit einem Tobsuchtsanfall. Daraufhin sandte Planck dem Führer ein Telegramm, in welchem er diesem für den "wohlwollenden Schutz der Deutschen Wissenschaft" dankte. Beide, Heisenberg und Planck, entwickelten (wie viele Deutsche damals) eine zynische Einstellung zu den Säuberungen in ihren Reihen: Wenn so viele weggehen, gibt es mehr Platz für den Nachwuchs.

Doch nicht alle dachten und handelten so wie die beiden, wobei man "handeln" hier eher durch "nicht handeln" ersetzen muss. So wie EINSTEIN: Bei Hitlers Machtergreifung war er gerade in den USA. Sofort kündigte er seine Stelle in Berlin und kehrte nie wieder nach Deutschland zurück. Er wusste genau, was noch kommen würde. Ähnlich SCHRÖDINGER: Als er sah, was die Nazis anrichteten und in Zukunft anrichten würden, kündigte er seinen Posten in Berlin im September 1933 und wanderte nach Oxford aus, wo ihn auch die Nachricht von der Verleihung des Nobelpreises erreichte. Heisenberg und Planck waren darüber gar nicht erfreut. Heisenberg verurteilte Schrödingers Abgang, denn dieser war weder jüdisch noch sonstwie gefährdet. Planck ärgerte sich noch mehr. In einem Brief an Max von Laue schrieb er: *"Ich betrachte Schrödingers Kündigung als eine neue tiefe Wunde gegenüber unserer Berliner Physik, die wir mit aller Energie ertragen müssen."* Vermutlich meinte er: bekämpfen.

Trotz ihrer Akzeptanz der neuen Verhältnisse bekamen die beiden Männer Probleme mit den Herrschenden. Planck musste erleben, wie einer seiner Söhne 1944 hingerichtet wurde, weil er in die Verschwörung vom 20. Juli verwickelt gewesen war. Heisenberg wurde von Nazistudenten und den Vertretern einer "deutschen Physik" diffamiert, weil er sich mit "jüdischer Physik" beschäftigt hatte, sprich: mit der Relativitätstheorie. Er wurde als "Weißer Jude" beschimpft, und nur seine guten Beziehungen zu Familie Himmler (über die beiden Mütter) retteten seine Karriere.

Aber das war alles harmlos. Wirklich kontrovers diskutiert werden auch heute noch Heisenbergs Taten (oder Nicht-Taten), als Heisenberg, der letzte große Physiker in Deutschland, 1942 die Leitung des "Uranvereins" übertragen bekam. Das Ziel des Vereins: die Entwicklung eines Atomreaktors oder, noch besser, einer Atombombe. Weder das eine noch das andere wurde realisiert. Zu einer Atombombe kam es bekanntlich nicht, denn Heisenberg hatte bei einem Besuch von Heeresminister Speer angegeben, das Projekt der Uran-Anreicherung dauere drei bis fünf Jahre - eine durchaus korrekte Einschätzung, auf Grund derer sich Speer um andere Projekte kümmerte. Allerdings hätte durch einen funktionierenden Atomreaktor Plutonium erzeugt werden können - inzwischen *das* Element zur Herstellung von Atombomben, was auch Heisenberg wusste. Heisenberg sagte später, er habe aus moralischen Gründen die Forschung an einer Atombombe nicht vorangetrieben, während seine Kritiker meinen, er wäre dazu nicht imstande gewesen. Denn erstens berechnete er das Gewicht der Bombe falsch: Nach Heisenberg sollte sie tausendmal schwerer sein als die tatsächlich in den USA gebaute Bombe. Zweitens war er als deutscher Professor, dem nicht widersprochen werden durfte, zu einer so gigantischen Teamarbeit nicht imstande. Dafür spricht seine Ablehnung eines überlegenen Reaktor-Designs seines Kollegen KURT DIEBNER: Heisenberg lehnte den Reaktor ab, weil er nicht von ihm stammte. Drittens schätzte er die Anstrengungen falsch ein.

Hier eine kleine Bemerkung: Heisenberg hatte das Gewicht der Bombe richtig berechnet. Er ging vom Gehalt an spaltbarem Material des ihm zur Verfügung stehenden Urans aus - und der war nur ein Zehntel von dem, was die Amerikaner hatten. "Zehn" kubiert gibt tausend, die Bombe wäre viel zu schwer gewesen.

Entscheidend für Heisenbergs Handeln war 1941 das Treffen im deutsch besetzten Kopenhagen mit seinem väterlichen Freund NIELS BOHR. Was dort besprochen wurde, darüber schwiegen beide, auch nach dem Krieg. Fakt ist indes, dass Bohr danach in die USA reiste und Wissenschaftler und Politiker dahingehend informierte, Heisenberg arbeite an einer Atombombe. Ein Missverständnis, sagte Heisenberg später.

Allerdings, wer logisch denken kann, der denke. Bohr erinnerte sich: "*Du hast mir gesagt, dass Deutschland siegen würde und es deshalb dumm von uns anderen sei, weiter auf einen anderen Ausgang zu hoffen.*" Und Heisenberg soll sinngemäß gesagt haben: Wenn Deutschland den Krieg verlieren sollte, müsste alles getan werden, um dies zu verhindern. Das allerdings sagte er, als ab 1942 klar war, dass Deutschland den Krieg nicht gewinnen würde, wohl aber die Sowjetunion. Lieber sollen die Deutschen über Europa herrschen als die Russen, so sein Kalkül. Also musste Deutschland auf jeden Fall den Krieg gewinnen, so seine Logik.

Der Zwiespalt des Heisenbergschen Denkens - fast ist man versucht zu sagen: die Komplementarität eines quantenphysikalischen Geistes - ist am besten erkennbar in einem unveröffentlichten Brief Heisenbergs aus dem Jahr 1957 an einen mit ihm befreundeten Musiker, in dem Heisenberg schreibt: *"Die Sache Hitlers war zu unmoralisch, als dass man ihr hätte mit Atombomben zum Sieg verhelfen dürfen. Aber war die Sache der Gegenseite so moralisch, dass es erlaubt war?"*

Persönliches. Von seinen Zeitgenossen wurde Heisenberg als einfach, jugendlich, optimistisch und verträglich beschrieben. Sein großer Ehrgeiz ("Ich möchte etwas Bleibendes schaffen") und sein Überlegenheitsgefühl waren nicht sichtbar. Das sagt auch sein Horoskop:

Sie sind weitblickend und philosophisch, und dazu gesellig, sensibel und einfallsreich. Man kennt Sie als jovialen, charmanten und etwas naiven Idealisten. Aber tief drin sind Sie sehr ernst; da sind Sie der Gelehrte, der Philosoph mit erstaunlichen Einblicken.

Unabhängigkeit ist besonders wichtig für Sie, denn Sie glauben an sich selbst und an Ihre Zukunft. Wie alle selbstbewussten Menschen haben Sie weitreichende Ziele. Ihr magnetischer Charme und Ihr Idealismus helfen Ihnen, ebenso wie Ihre Fähigkeit, rasch zu lernen. Sie werden vermutlich früh im Leben Anerkennung finden, auf Ihrem eigenen Weg zum Erfolg.

Sie sind hungrig nach neuem Wissen, besonders nach abstraktem. Sie ziehen es vor, sich mit großen Konzepten abzugeben, und Details bringen Sie in Verwirrung. Die Wunder des Universums faszinieren Sie viel mehr als Ihr Gehaltskonto auf der Bank.

Ihr Verstand ist bohrend, tiefgründig, kritisch, scharf, manchmal stachelig, persönlich, entschlossen.

→ Wie Heisenberg zu den Matrizen kam
→ Unbestimmtheit - Unschärfe - Unsicherheit

Louis de Broglie (1892 (Dieppe) – 1987)

Nationalität: Frankreich
Verdienst: Hat erkannt, dass bewegte Teilchen Wellencharakter haben. Schuf damit die Voraussetzungen für die Wellenmechanik (Schrödinger) und für eine kausale Quantenphysik (Bohm).
Nobelpreis: 1929 "für die Entdeckung der Wellennatur der Elektronen"
Formel: $\lambda = h/p$ (De-Broglie-Gleichung)
Bedeutung: Teilchen verhalten sich wie Wellen.
Zitat: *"In demselben Maße, wie sich die Präzision unserer Beobachtungen erhöht, erhalten wir eine immer strengere Voraussagbarkeit, und so können wir den Determinismus als Ergebnis eines Grenzüberganges als bestätigt ansehen."*

Eigentlich erscheint uns im Nachhinein die Sache äußerst einfach, und wir können nicht nachvollziehen, warum de Broglies Zeitgenossen seine Ideen so vehement ablehnten, zumal diese auch bald experimentell bestätigt wurden. Im Wesentlichen geht es darum: Nachdem Einstein herausgefunden hatte, dass sich Wellen (also Licht) wie Teilchen verhalten, postulierte der französische Gelehrte, dass sich (bewegte) Teilchen auch wie Wellen verhalten können. Die Idee dazu kam ihm bei Arbeiten im Labor seines Bruders. Dort wurde das Verhalten von Röntgen- und Gammastrahlen untersucht, und siehe da: Obwohl beides elektromagnetische Wellen sind, hatten sie viele Eigenschaften von Teilchen. Sind sie womöglich beides?

Der mathematische Weg zur Berechnung der dazugehörigen Wellenlänge ist so einfach, dass wir ihn hier zeigen. De Broglie ging von den beiden bekannten Energiegleichungen aus: $E = h\nu$ (Planck) und $E = mc^2$ (Einstein), sowie von der Beziehung zwischen Wellenlänge, Frequenz und Fortpflanzungsgeschwindigkeit einer Welle: $\lambda\nu = \upsilon$. Also gilt: $h\nu = mc^2 = mc \cdot c$

(Achtung: ν = "ny" = Frequenz, υ = "vau" = Geschwindigkeit)

Der Ausdruck "Masse mal Geschwindigkeit" ist gleich dem

Impuls *p*. Nun kommt de Broglies Kühnheit der Abstraktion: Er sagte, es müsse sich nicht um c (die Lichtgeschwindigkeit) handeln, jede andere Geschwindigkeit v tut es auch. Also verwendete er explizit die in der klassischen Physik übliche Formel $p=mv$, und daraus ergibt sich dann seine Gleichung $\lambda = h/p$ oder $\lambda = h/(mv)$.

1924 stellte der Gelehrte, der, wie schon erwähnt, im physikalischen Privatlabor seines 17 Jahre älteren Bruders arbeitete, seine These als Doktorarbeit vor. 1927 wurde seine Gleichung von CLINTON DAVISSON und LESTER GERMER experimentell durch die Beugung schneller Elektronen an Kristallgittern bestätigt. Im gleichen Jahr präsentierte er seine Ideen einem erlauchten Publikum anlässlich des 5. Solvay-Kongresses in Brüssel. "*Er hat einen Zipfel des großen Schleiers gelüftet*", schrieb ein begeisterter Einstein an seinen französischen Kollegen Langevin. Ganz anders der ewig kritische WOLFGANG PAULI: Er meinte, die Formel erkläre nicht hinreichend unelastische Stöße. Allgemein herrschte Skepsis, besonders, weil de Broglie behauptete, die Kausalität der klassischen Physik zu bewahren, indem er die Bahnen individueller Teilchen berechnen könne. Das widersprach dem Zeitgeist und den philosophischen Vorschriften von Bohr und Heisenberg. Als dann 1932 John von Neumann "bewies", dass man die Orte einzelner Teilchen niemals berechnen kann, war es aus mit de Broglies Ideen. Später kam heraus, dass Neumanns Beweis Unsinn war, aber da hatten die Quantenphysiker mental schon einen ganz anderen Weg eingeschlagen.

De Broglie erklärte Quantenvorgänge so: Jedem bewegten Teilchen entspricht auch eine Welle (bei ruhenden Teilchen gilt $\lambda=\infty$, und das ist keine Welle mehr). Diese Welle bezeichnete er als **Führungswelle** (im Englischen und Französischen: Pilot-Welle). Um korrekt zu sein: Die Idee stammt ursprünglich, wie so gut wie alles an Ideen in der Quantenphysik, von Einstein. Der hatte nämlich nach seiner "Entdeckung", Licht bestehe aus Teilchen, ebenfalls eine Führungswelle für diese Teilchen postuliert: das elektromagnetische Feld. Damit hätte Einstein als erster Teilchen und

Wellenphänomen getrennt. Aber seine Idee war bezüglich Licht falsch, und er hatte sie auch nicht forciert.

Die Führungswelle wirkt wie das, was Esoteriker als "geistige Führer" bezeichnen, während im Englischen das Wort für "Schutzengel" "guardian angel" heißt, also Führungsengel. Die Welle führt das Teilchen sicher durch unsichere Gefilde, auch dann, wenn andere Kräfte am Werk sind. Einzige Voraussetzung: Sie ist wesentlich schneller als Licht - theoretisch unendlich schnell!

So absurd die Theorie erscheint, sie wurde vor einigen Jahrzehnten bestätigt - ganz ohne Quantenphysik! Die Versuche um → "Wandertröpfchen"haben de Broglies Ideen exakt repliziert, denn der Franzose postulierte *zwei* Wellen: eine, die das Teilchen begleitet und sehr schnell schwingt, sowie eine zweite, die das Teilchen mit mindestens zehntausendfacher Geschwindigkeit durch das Dickicht der Realität geleitet. Unabhängig von der Akzeptanz der de-Broglieschen Ideen dienten diese als Anregung für Schrödingers Wellenmechanik. Schrödinger entdeckte auch erneut die "kleine" Welle, also die Begleitwelle des Elektrons. Bei der Analyse der Diracgleichung erkannte er, dass Zustände mit positiver Energie mit solchen mit negativer Energie wechselwirken (interferieren) und eine sehr rasche Schwingung des Elektrons erzeugen, die genau der Begleitwelle von de Broglie entspricht. Diese *Zitterbewegung* diente später sogar dazu, die Gleichungen der Quantenphysik ohne das üble "i" ($= \sqrt{-1}$) zu schreiben, ja, den Charakter des Elektrons und der gesamten Quantenphysik neu zu deuten!

De Broglies Ideen wurden 1950 von DAVID BOHM neu entdeckt und in einer konsequenten Theorie weiter entwickelt. Bei Bohm gibt es nur *eine* Welle, die Führungswelle, und ebenso strikte Kausalität: Jede Elektronenbahn ist zu jeder Zeit exakt berechenbar. Es gibt keine "Verschmierung", keine "statistische Aufenthaltswahrscheinlichkeit", keine "Unschärfe". Nur ganz gewöhnliche Teilchen und ihre exakten Bahnen, also das (beinahe) klassische Bild einer mechanisch determinierten Partikel. Warum sich ein so einfaches Konzept nicht durchsetzte? Offenbar, weil es zu einfach, zu "gewöhnlich", zu vernünftig und zu realistisch war. Das Publikum damals wollte Wunder, keine Vernunft!

Philosophie. Wie schon erwähnt, de Broglie war ein "altmodischer" Denker, ein Verfechter von Kausalität, Determinismus und Ordnung. In seiner Denkweise mischen sich Logik mit Vernunft: *"Diese, auf der exakten Voraussehbarkeit der Ereignisse beruhende Definition des Determinismus ist wohl die einzige, die ein Physiker akzeptieren könnte, da allein diese einer reellen Verifizierung unterworfen werden kann."* Denn *"im allgemeinen (kann) das Vorausberechnen eines künftigen Vorganges praktisch mit Hilfe einer endlichen Anzahl Angaben bezüglich des jetzigen Zustandes verwirklicht werden."* Von der Wahrscheinlichkeitsinterpretation hielt er nichts: *"Die Verfechter der Wahrscheinlichkeitsauffassung bemühen sich um immer neue und abstraktere Konzepte, die sich immer weiter von den Bildern der klassischen Physik entfernen."* Auch lehnte er den Bohr-Heisenbergschen Dogmatismus in der Quantenphysik ab:

"Die Geschichte der Wissenschaft zeigt, dass ihr Fortschritt immer wieder durch den tyrannischen Einfluss bestimmter Vorstellungen behindert wurde, die schließlich als Dogmen betrachtet wurden. Deswegen ist es angebracht, sie von Zeit zu Zeit einer gründlichen Prüfung zu unterziehen, besonders, wenn es sich um Prinzipen handelt, die wir inzwischen ohne weitere Diskussion als wahr akzeptiert haben."

Persönliches. Das Computer-Horoskop betont de Broglies technische Fähigkeiten, die sich in seiner Arbeit auch zeigten:

Ihr Verstand ist logisch, sorgfältig, alle Details beachtend, praktisch, geschäftstüchtig, sprachbegabt, kritisch. Die Sorgfalt Ihres Denkens kann sich sogar auf Ihre Hände übertragen, da Sie geschickt im Umgang mit feinen Geräten oder Musikinstrumenten sind. Ihr analytisches Denken macht Sie zum Forscher und Schriftsteller geeignet.

→ Das Geheimnis der Wandertröpfchen

ERWIN SCHRÖDINGER (1887 (Wien) – 1961)

Nationalität: Österreich
Verdienst: Begründer der "Wellenmechanik" als einfach zu handhabende Alternative zur "Matrizenmechanik".
Nobelpreis: 1933 zusammen mit Dirac "für die Entdeckung neuer produktiver Formen der Atomtheorie"
Formel: $\Delta \psi + 2m/\hbar^2 V \psi = 0$ (Schrödingersche Wellengleichung)
Bedeutung: Beschreibt, je nach Interpretation: die Bahn eines Teilchens; die Energieniveaus eines Elektrons im Atom; die Wahrscheinlichkeit(samplitude) eines Zustands.
Zitat: *"Bohrs Standpunkt, eine räumlich-zeitliche Beschreibung sei unmöglich, lehne ich ab. Die Physik besteht nicht nur aus Atomforschung, die Wissenschaft nicht nur aus Physik und das Leben nicht nur aus Wissenschaft."*

Im Jahre 1834 stellte der irische Mathematiker WILLIAM ROWAN HAMILTON (1805-1865) eine Theorie vor, welche die klassische Mechanik ebenso revolutionierte wie 100 Jahre später die Quantenphysik. Er hatte sich mit geometrischer Optik beschäftigt und eine Beziehung zwischen "Strahlenoptik" und "Wellenoptik" gefunden. Bekanntlich ist Licht manchmal eine Welle, manchmal ein Strahl von Teilchen. Licht enthält also das Grundproblem der Quantenphysik, darum ist die Beschäftigung mit diesem alltäglichen, aber immer noch nicht ganz verstandenen Phänomen auch für die moderne Physik so wichtig.

Der Zusammenhang zwischen dem Teilchen- und dem Wellenaspekt von Licht ist sehr einfach: Eine Welle besteht aus aufeinanderfolgenden *Wellenflächen*. Die jeweilige Senkrechte dazu ist der *Strahl* der Lichtteilchen. Hier ein Beispiel:

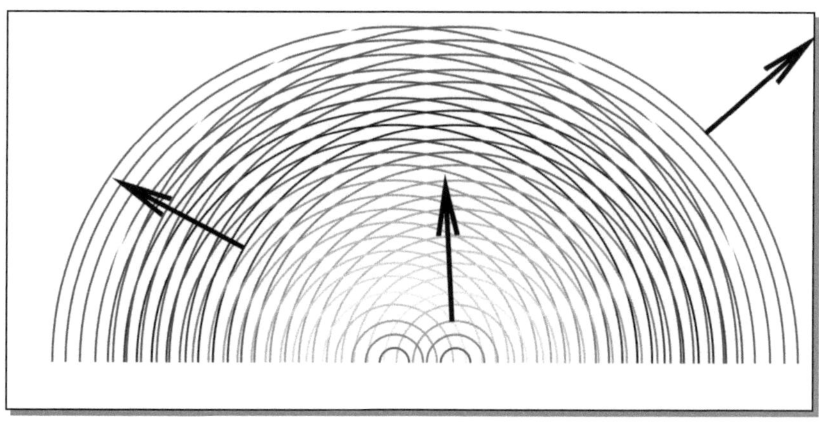

*Wellenflächen und Wellennormalen: Würde man an jedem Punkt von je-
der Wellenfläche die Normale ziehen, erhielte man alle Lichtstrahlen,
also die Bahnen aller Lichtteilchen.*

Die Wellenerscheinungen werden durch eine Wellengleichung beschrieben, die Strahleneigenschaften durch die Grundgleichung
der Strahlenoptik, die den Namen "Eikonalgleichung" (griechisch
eikon = Bild) trägt. Die Wellengleichung kann in die Eikonalgleichung überführt werden, wenn die Wellenlänge gegen null geht,
die Frequenz also sehr hoch ist - was bei Röntgen- und Gamma-
strahlen der Fall ist. (Den mathematischen Übergang bewies PE-
TER DEBYE 1921.)

Das Geniale an der Hamilton-Theorie liegt darin, dass der Mathematiker die Wechselbeziehung auf alle mechanischen Systeme
verallgemeinerte. So können Teilchensysteme als Wellenerscheinung beschrieben werden, auch wenn - beispielsweise in einem
Gas - gar keine Welle vorliegt. Umgekehrt können reine Wellen
auch als Teilchen dargestellt werden.

Schrödinger machte sich diese Theorie zunutze und fand, ermutigt
durch Einstein und kurz nach Heisenbergs Vorstellung seiner Matrizenmechanik (1926), eine "Hamilton"-Formel für eine Welle
(ψ), welche die Zustände in Atomen beschreiben soll. Fragt sich

nur, wie eine kontinuierliche Welle diskontinuierliche Elektronenbahnen erklären kann. Doch das ist nicht schwierig: Es gibt das Phänomen der **stehenden Welle**, das immer bei Beschränkungen am Rand auftritt, z.B. bei einer Gitarrensaite. Diese Beschränkungen ergeben sich im Fall der Elektronenbahnen auf ganz natürliche Weise: Die "Randbedingung" besteht darin, dass die Welle beim Umlauf um eine Bahn ohne Sprünge wieder in sich selbst zurückgleitet. Und so konnte Schrödinger korrekt die bekannten Energieniveaus der Elektronenbahnen im Wasserstoffatom mit seiner Gleichung berechnen.

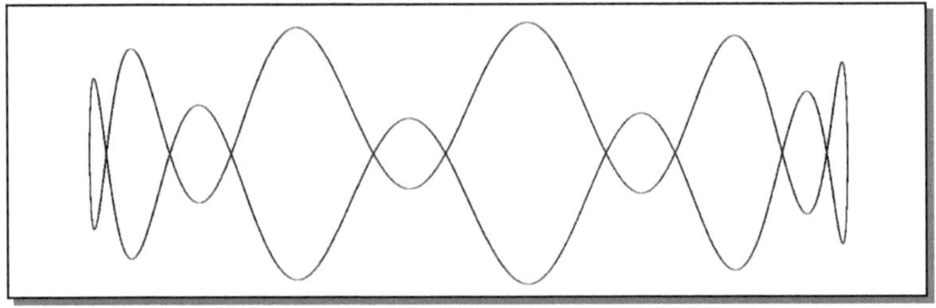

Eine kreisförmige stehende Welle geht glatt ins sich selbst über

Einstein war gleich begeistert: *"Die Heisenberg-Bornschen Gedanken halten alle in Atem. (Doch jetzt ist) an die Stelle einer dumpfen Resignation eine bei uns Dickblütern einzigartige Spannung getreten."* Und Arnold Sommerfeld brachte es auf den Punkt: *"Der Wahrheitsgehalt (der Matrizenmechanik) scheint unbezweifelbar zu sein. Aber ihre Handhabung ist äußerst umständlich und abschreckend abstrakt. Hier kommt uns Schrödinger zu Hilfe."*

So war es. Kaum hatte Heisenberg seine revolutionäre mathematische Technik vorgestellt, verschwand sie beinahe wieder in der Versenkung. Schrödingers Gleichung war eine partielle Differenzialgleichung, und damit konnten die Physiker seit Jahrzehnten gut umgehen. Ihre Anwendung war durchsichtig, anschaulich und einfach, und so wurde sie zum Standard bei der Behandlung quantenphysikalischer Systeme.

Kurz nach ihrer Vorstellung gelang Schrödinger ein weiterer

Coup: Er konnte nachweisen, dass seine Formel immer die gleichen Ergebnisse liefert wie die Heisenbergschen Matrizen. Mit anderen Worten: Heisenberg ist überflüssig. Das gefiel diesem aber gar nicht, Und so äußerte er sich eher abfällig über die Schrödingermethode: *"Je mehr ich über den physikalischen Teil der Schrödingerschen Theorie nachdenke, desto abscheulicher finde ich ihn ... ich finde es Mist."*

Indes, es gibt sehr wohl Unterschiede zwischen den beiden Methoden, als da sind:

- Heisenberg geht von beobachtbaren Größen aus (Frequenzen, Intensitäten), Schrödinger von einer abstrakten Welle, deren Deutung immer noch Schwierigkeiten bereitet.

- Heisenberg kann den Spin von Elementarteilchen auf natürliche Weise in seine Formeln integrieren, während dieser bei Schrödinger völlig fehlt und auch nicht nachträglich eingebaut werden kann. Das gelang erst Dirac mit einer ganz neuen Formel.

- Heisenberg kann kein kontinuierliches Spektrum berechnen, was bei Schrödinger problemlos möglich ist (schließlich sind Wellen stetige Erscheinungen).

- Bei Heisenberg ändert sich der Zustand eines Systems mit der Zeit nicht, wohl aber der Beobachter, der als "Operator" in die Formeln einfließt. Bei Schrödinger ändert sich der Zustand eines Systems (wenn sich das System ändert), der Beobachter bleibt außen vor. Etwas überspitzt formuliert: Heisenberg kennt in seinen Formeln keine Zeit, Schrödinger schon.

- Heisenbergs Formalismus stellt inhaltlich und technisch einen radikalen Bruch mit der klassischen Physik dar, Schrödingers Mechanismus dagegen knüpft an bekannte Formeln und Methoden an.

- Bei Heisenberg gibt es keine Kausalität und auch, wegen der Unstetigkeit seiner Matrizen, keine durchgängige Bahn von Teilchen. Bei Schrödinger gibt es Kausalität und durchgängige Bahnen - vorausgesetzt, man interpretiert die Wellenfunktion entsprechend!

- Ironie der Geschichte: Heisenberg ging ursprünglich von *Welleneigenschaften* aus (Frequenz, Intensität). Schrödinger ging ursprünglich von *Teilcheneigenschaften* aus (Ort, Geschwindigkeit).

- Zweite Ironie der Geschichte: Mit seinem Konzept des *Wellenpakets* (das ein Teilchen repräsentiert) lieferte Schrödinger seinem Rivalen das einzig relevante Argument für dessen Konzept der *Unschärfe*!

Hier die Unterschiede im Überblick:

Thema	*Matrizen (Heisenberg)*	*Wellen (Schrödinger)*
Ausgangspunkt	Welleneigenschaften: Frequenz, Intensität	Teilcheneigenschaften: Ort, Geschwindigkeit
Anschaulichkeit	unanschaulich (mit Absicht)	anschaulich (mit Vorbehalt)
Mathematik	schwerfällig, ungewohnt, schwierige Schreibweise	bekannt, gewohnt, einfache Schreibweise
"Operator"	komplizierte Matrix	einfache Multiplikation oder Differentiation
physikalische Grundlage	Teilchen und Sprünge	Wellen und Stetigkeit
mathematische Grundlage	unendliche Matrizen und Vektoren	differenzierbare Funktionen
beschreibt	Frequenzen, Intensitäten	virtuelle Wellen (ψ)

erfasst	alle unstetigen Phäno-mene	auch kontinuierliche Erscheinungen
ein Elektron	existiert nicht, nur seine Bahn	ist ein Wellenpaket, das aber zerfließt
vergleichbar	einem Klavier	einer Geige
Unschärfe	durch die Mathema-tik: Matrixmultiplika-tion	durch die Interpreta-tion: Wellenpaket
Spin	einfache Darstellung	fehlt
zeitliche Än-derung	des Operators	des Zustands
Beobachter	wesentlich	überflüssig
Bezug zur klassischen Physik	radikaler Bruch	Erweiterung
Kausalität	nicht vorhanden	immer da
real ist	was und wann es ge-messen wird	das Übliche: Teilchen, Wellen
Interpreta-tion der Amplitude	Wahrscheinlichkeits-welle	Wahrscheinlichkeits-welle
Kollaps der Wellenfunk-tion	ergibt sich aus der In-terpretation	kommt nicht vor

Schrödinger war überzeugt: *"Das Wellenphänomen bildet den ei-gentlichen "Körper" des Atoms."* Er hasste alles Sprunghafte: *"... die Theorie der Quantensprünge, die mir persönlich von Jahr zu Jahr unannehmbarer erscheinen ..."* Und einmal sagte er: *"Wenn es doch bei dieser verdammten Quantenspringerei bleiben soll, so bedaure ich, mich überhaupt jemals mit der Quantentheorie abgegeben zu haben."*

So weit, so gut. Was aber bedeutet ψ? Welche Art von Welle liegt vor, wie beeinflusst sie das Geschehen? Schrödinger dachte ursprünglich, es handle sich dabei um eine Art elektromagnetischer Welle (also um Licht) im Innern des Atoms. Doch zeigte sich bald, dass diese Deutung nicht zutreffen kann: ψ war viel abstrakter. Und so musste Schrödinger hilflos zusehen, wie die "Kopenhagener" (Bohr, Heisenberg, Born) seine ψ-Funktion als Wahrscheinlichkeitsamplitude interpretierten und damit ihrer kausalen Funktion beraubten. Dass es auch anders geht, erkannte erst ein Vierteljahrhundert später David Bohm.

Schrödinger suchte auch, wie sein Vorbild Einstein, nach der Weltformel (der Vereinigung von Elektromagnetismus, Gravitation und inneratomaren Kräften), kam aber ebensowenig weiter wie Einstein. Dagegen bewirkte seine Beschäftigung mit Biologie, vor allem mit Genetik, dass sich viele Physiker der biologischen Forschung zuwandten und diese enorm vorantrieben. In seinem Buch "Was ist Leben" aus dem Jahr 1944 erwähnte er die Möglichkeit, dass genetische Information in einem "aperiodischen Kristall" kodiert wäre. Ein gewisser JAMES D. WATSON war von dem Buch und den darin enthaltenen Ideen so begeistert, dass er seine Lebensaufgabe in der Entschlüsselung dieser Substanz sah - und dafür 1953 den Nobelpreis erhielt.

Philosophie. In seiner wissenschaftlichen Tätigkeit war Schrödinger einer "vom alten Schlag", so wie Boltzmann, Planck, Einstein und de Broglie. Kausalität, Realität und Determinismus stellte er nie in Frage, der modischen "Kopenhagener Philosophie" konnte er nie etwas abgewinnen. Eine *"Beschränkung auf statistische Kenntnis"* war für ihn eine *Resignation*. Kein Wunder: Schrödinger hatte als einer der wenigen Theoretiker in seiner Jugend Experimentalphysik betrieben und war sich sehr wohl bewusst, wie wertvoll seine damaligen Erfahrungen gewesen waren. Dennoch vertrat er diese seine Weltanschauung nicht so deutlich wie der von ihm bewunderte Einstein und in keiner Weise so vehement wie die Kopenhagener Orthodoxen. Manchmal verkündete er sogar Bohrsche Ideen.

Bekannt wurde Schrödinger vor allem durch das Paradoxon von der nach ihm benannten Katze (**Schrödingers Katze**), die gleichzeitig tot und lebendig ist, und zwar so lange, bis einer nachschaut, was der Fall ist - wobei er sie dann offenbar auch tötet. Wir widmen ihr ein eigens Kapitel.

Privat war Schrödinger Anhänger indischer Philosophien, insbesondere derer, die in den *Veden* zum Ausdruck kommt. So war es für ihn wichtig festzustellen: *"Bewusstsein gibt es seiner Natur nach nur in der Einzahl. Ich möchte sagen: die Gesamtzahl aller »Bewusstheiten« ist immer bloß »eins«."* Ein Beobachter kann in naturwissenschaftlichen Formeln nicht vorkommen:

"Der Grund dafür, dass unser fühlendes wahrnehmendes und denkendes Ich in unserem naturwissenschaftlichen Weltbild nirgends auftritt, kann leicht in fünf Worten ausgedrückt werden: Es ist selbst dieses Weltbild. Es ist mit dem Ganzen identisch und kann deshalb nicht als ein Teil darin enthalten sein."

Trotz seines gesunden Menschenverstands bezüglich der Physik seiner Zeit bekannte er sich freimütig zu seinen mystischen geistigen Strukturen: *"Ein rein verstandesmäßiges Weltbild ganz ohne Mystik ist ein Unding."* Aber, das sei nochmals betont, diese Mystik war rein privater Natur und hatte mit seinen wissenschaftlichen Erkenntnissen nichts zu tun.

Politik. Auch Schrödinger wurde von der politischen Entwicklung überrollt und verhielt sich nicht viel besser als andere nichtjüdische Wissenschaftler. Er hasste die Nazis mit ihrer proletenhaften Primitivität, und er ließ seine Professur in Berlin einfach absterben, ohne öffentlich zu protestieren. Als er dann in Graz zum Professor ernannt wurde und Hitler 1938 auch in seiner Heimat einmarschierte, verlangten die Behörden von ihm ein öffentliches

Bekenntnis zur neuen Ideologie. Schrödinger tat es. In einer Zeitschrift lobte er den deutschen Faschismus, obwohl er innerlich ganz anders dachte und dieses Lob für seine Karriere auch nicht brauchte. Der Artikel wurde ihm danach oft vorgeworfen. Irgendwann schaffte er doch noch den Absprung und ging an ein eigens für ihn errichtetes "Institut für höhere Forschungen" in Dublin (Irland). Mit Ruhm bekleckert hat er sich mit seiner Flucht aber nicht, trotz der Kritik der regierungshörigen und karrierebewussten Vertreter der wahren deutschen Physik, Planck und Heisenberg.

Persönliches. Schrödinger war ein verwöhntes Einzelkind, von Frauen umgeben und ständig bewundert. Dazu passt das Thema seines Horoskops: *Wo ist mein Thron?* Auch war er von seiner unwiderstehlichen männlichen Ausstrahlung voll überzeugt. In seinem Tagebuch schreibt er: *Es ist mir nie passiert, dass eine Frau mit mir geschlafen hat und sich als Konsequenz danach nicht wünschte, ihr ganzes Leben mit mir zu verbringen.* Doch der Österreicher war im Umgang mit anderen sehr angenehm, keineswegs auftrumpfend, eher locker und bescheiden. So sagte er einmal über seine eigene Arbeit als Wissenschaftler: *Meine Arbeit ist niemals völlig unabhängig, denn wenn ich mich für eine Fragestellung interessiere, tun es andere auch. Mein Wort ist selten das erste, oft das zweite, und es mag inspiriert sein durch den Wunsch nach Widerspruch oder Korrektur, aber die nachfolgende Erweiterung könnte sich als wichtiger erweisen als die Korrektur.*

Anerkennung war ihm wichtig, und die bekam er auch. Obwohl es nicht üblich ist, das Privatleben großer Gelehrter in die Öffentlichkeit zu tragen, hat Schrödinger selbst in seiner Autobiographie von sich gesagt: Ich liebe die Frauen. Besonders dann, wenn sie jung und schön sind. So gab er einmal sehr jungen Zwillingsmädchen Nachhilfeunterricht, erst in Mathematik, dann in mehr körperlichen Künsten. Sogar der Astro-Computer bescheinigt ihm sein erotikreiches Privatleben: *Vermutlich haben Sie viele Affären.* Die aber hinderten ihn nicht an seiner kreativen Tätigkeit, im Gegenteil: Er brauchte offenbar Anregung durch das weibliche Gemüt (und den zugehörigen Körper). So entwickelte er in einem Sturm der Kreativität seine Wellenmechanik in wenigen Wochen bei einem Aufenthalt im Schiparadies Arosa, wo er mit einer Dame die Ferien verbrachte, deren Identität bis heute im Dunkeln liegt. Ein Schelm, wer Böses denkt, wenn er von *stehenden* Wellen hört, die aus *Bäuchen* und *Knoten* bestehen. Aber vielleicht war er ja wirklich selbstlos in seinem Bemühen um die geistige Förderung seiner Schülerinnen, wie der Astro-Computer meint:

Sie sind in Beziehungen eher unpersönlich, zurückhaltend, aber sensibel und hilfsbereit. Manchmal sehen Sie zu viele Fehler beim anderen, doch können Sie durch sehr praktische Taten Ihre Liebe beweisen. Sie handeln eher im Verborgenen, am liebsten gar nicht, aber wenn schon, dann immer mit viel Gefühl - mit menschlicher Wärme ebenso wie mit unterdrückter Aggression. Sie können sehr gut Lebewesen betreuen (Menschen ebenso wie Tiere), die schutzbedürftig und hilflos sind.

Eine sehr schöne Darlegung seines Charakters, zumindest, was sein wissenschaftliches Vorgehen betrifft, verdanken wir seinem Kollegen und Mit-Nobelpreisträger DIRAC:

Von all den Physikern, die ich traf, war Schrödinger mir am ähnlichsten. Ich stimmte mit ihm öfter überein als mit allen anderen. Der Grund lag meiner Meinung darin, dass wir beide mathematische Schönheit sehr schätzen, und das war auch in unseren Werken sichtbar. Wir glaubten beide daran, dass jede Gleichung, welche grundlegende Aspekte der Natur beschreibt, auch von großer mathematischer Schönheit sein muss. Das war für uns wie eine Religion. Diese Religion half uns viel und war vermutlich die Grundlage unseres Erfolgs.

Ansonsten sagt das Computer-Horoskop über ihn:

Sie sind willensstark, kühn, entschlossen und stur. Sie nehmen sich und Ihre Werke sehr ernst. Normalerweise sind Sie beherrscht, ruhig und mitfühlend, realistisch und "weise". Das ändert sich, wenn Sie unter Stress stehen oder wenn die Dinge nicht so laufen, wie

Sie sich's vorstellen. Sie werden dann launisch, unvernünftig, temperamentvoll, vielleicht sogar tyrannisch. Sie sind eine gewichtige Persönlichkeit: intensiv, dramatisch, zielstrebig. Im Leben interessiert Sie nur wenig, aber die Suche danach kann zur Besessenheit ausarten. Mit Selbstsicherheit und einem unerschütterlichen Glauben in die eigene Stärke und Intuition kämpfen Sie hart um die Verwirklichung Ihrer Träume und Lebensziele. Und es sind sehr ehrgeizige Ziele!

Schrödinger ging während seiner Studienzeit gern ins Theater, manchmal dreimal die Woche. Auch das steht in seinem Horoskop:

Ihr Verstand ist zielstrebig, willensstark, optimistisch, selbstbewusst, schöpferisch, theatralisch, konsequent. Wenn Sie etwas geistig in Angriff nehmen, haben Sie auch die Kraft und Ausdauer, es zu Ende zu führen. Und den Ehrgeiz dazu, denn Sie wollen, zumindest geistig, als Autorität anerkannt werden. Mit Ihrem Selbstvertrauen und Ihrem Optimismus wird es Ihnen auch gelingen.

→ Schrödingers Katze

WOLFGANG PAULI (1900 (Wien) - 1958)

Nationalität: Österreich, USA, Schweiz
Verdienst: formulierte 1925 das später nach ihm benannte *Pauli-Prinzip*, mit dessen Hilfe erst ein Verständnis des Schalenaufbaus der Elektronenhüllen von Atomen möglich wurde.
Nobelpreis: 1945 "für die Entdeckung des als Pauli-Prinzip bezeichneten Ausschlussprinzips"
Formel: $\psi(a,b) = -\psi(b,a)$ für Fermionen
Bedeutung: Die Zustandsfunktion ψ eines Systems aus Materieteilchen (Protonen, Neutronen, Elektronen) ändert das Vorzeichen bei Vertauschung zweier Teilchen. Sind die beiden Teilchen in allen Quanteneigenschaften gleich, ergibt sich die Bedingung $\psi = -\psi$, also $\psi=0$. Da ψ^2 die Aufenthaltswahrscheinlichkeit bedeutet und diese also auch null ist, kann das Teilchen nicht existieren. Das führt zu der bekannteren Formulierung des Pauli-Prinzips: In einer abgeschlossenen Elektronenschale können zwei Elektronen nicht in allen Quanteneigenschaften (= Quantenzahlen) übereinstimmen. Darauf gründet der Aufbau der Elektronenschalen und ganz allgemein der Materie.
Zitat: *"Das ist nicht nur nicht richtig, es ist nicht einmal falsch!"*

Als Patenkind des Physikers und Philosophen Ernst Mach und als Sohn eines Universitätsprofessors für Kolloidchemie hatte Pauli die besten Voraussetzungen für eine erfolgreiche Karriere als Wissenschaftler. Seine Beiträge zur Quantenphysik lassen sich auch sehen. Unter anderem führte er 1925 eine neue Quantenzahl ein, die später als "Spin" gedeutet wurde und vieles erklärte, was vorher unerklärlich schien. Durch seine Erkenntnis, dass sich Materieteilchen in wenigstens einer Eigenschaft (= Quantenzahl) unterscheiden müssen, kam er zu dem nach ihm benannten Ausschließungsprinzip. Da in der Quantenphysik Teilchen üblicherweise durch ihre Eigenschaften wie Energie oder Spin gekennzeichnet sind, bedeutet sein Prinzip: Zwei Materieteilchen können nicht zur gleichen Zeit am gleichen Ort sein. (Für Lichtteilchen (Fotonen) gilt dies nicht.)

Pauli arbeitete bei Niels Bohr in Kopenhagen sowie in München an der Ludwig-Maximilians-Universität bei Arnold Sommerfeld, in Göttingen bei Max Born, in Hamburg mit Otto Stern und Walter Baade, an der ETH Zürich, und am "Institute for Advanced Studies" in Princeton (USA).

Zur Quantenphysik hat er vieles beigetragen, auch wenn er infolge seines Perfektionismus weniger publizierte, als ihm zustand. Was ihn nicht weiter störte, denn er behauptete von sich: "Ich kann es mir leisten, nicht zitiert zu werden." Pauli entdeckte den Elektronenspin, auch wenn er ihn nicht so nannte, und damit verbunden sein Ausschließungsprinzip. Es gelang ihm, den Zustand von Elektronen als Matrizen darzustellen ("Spin-Matrizen"), was wesentlich für Diracs Formulierung der relativistischen Quantenphysik war. Er entdeckte (theoretisch) den Kernspin zur Erklärung der Hyperfeinstruktur der Atomspektren. 1930 postulierte er das Neutrino, auch wenn er es nicht so nannte. Er berechnete die Spektren des Wasserstoff-Atoms mittels der Heisenbergschen Matrizen, was diesen zur allgemeinen Anerkennung verhalf. So hatte er vor Heisenberg die nach diesem benannte Unschärferelation entdeckt. Pauli begründete die Quantenfeldtheorie, schrieb ein Werk über die Mesonentheorie der Kernkräfte und formulierte 1955 das "CPT-Theorem", das zwei Jahre später experimentell widerlegt wurde - ein Schock für den Theoretiker.

Philosophie. Wie Bohr und Heisenberg vertrat auch Pauli den Quanten-Mystizismus, den man, übertrieben einfach, so charakterisieren könnte: Der Geist erschafft die Materie. Die Realität existiert nicht zwischen zwei Messungen. Erst durch eine Messung - also einen bewussten Vorgang - wird sie erschaffen - der Kern der "Kopenhagener Deutung". Dazu einige seiner Aussagen:

"Ich bin überzeugt, dass eine Rückkehr zum Stil der Naturgesetze von Newton bis 1927 nicht möglich ist; so geht es ganz bestimmt nicht!" (1952 an Erwin Schrödinger)

Über seinen Kollegen macht er sich lustig:

"Einstein hegt das philosophische Vorurteil, dass (für makroskopische Körper) ein Zustand (mit der Bezeichnung "real") objektiv definiert werden kann."

Denn in Wirklichkeit *"... erscheinen jetzt Raum und Zeit als ein Ordnungsschema nur für Wahrscheinlichkeiten von Ereignissen, dem sicher keine von diesen Ereignissen unabhängige Existenz mehr zugesprochen werden kann."*

Das war die eine Seite des Gelehrten. Wie so manche Quantenphysiker neigte auch Pauli zur Mystik. *Ein* Phänomen der Quantenphysik harrt immer noch seiner Erklärung: die unmittelbare, augenblickliche Verbindung gleichzeitig und am gleichen Ort geborener "Zwillingsteilchen", auch über weite Entfernungen hinweg. Schrödinger nannte das Phänomen "Verschränkung", im Englischen heißt es "entanglement" = Verwicklung, was das Bild zweier unentwirrbarer Fadenknäuel hervorruft. Auch bei der Erkenntnis dieser unerklärlichen Erscheinung war Pauli Pionier: Er nannte sie "Synchronizität" (Gleichzeitigkeit), eine nicht-kausale Verbindung zweier Ereignisse, wobei Pauli allerdings von persönlichen Erlebnissen ausging. Sie kennen das sicher: Sie denken an eine bestimmte Person, und genau in diesem Augenblick ruft sie an.

Zur Erklärung solche "Koinzidenzen" braucht man keine Mystik, es genügt eine korrekte Anwendung der Wahrscheinlichkeitsrechnung. Aber Pauli, der große Skeptiker, überließ sich lieber dem Mystizismus des Schweizer Psychologen und Mythenforschers CARL GUSTAV JUNG. Der hat ihn (über eine Assistentin) psychoanalysiert und später mit ihm zusammen ein Buch geschrieben ("Naturerklärung und Psyche ", 1952). Pauli verfasste darin das Kapitel "Der Einfluss archetypischer Vorstellungen auf die Bildung naturwissenschaftlicher Theorien bei Kepler". Dort propagiert Pauli wieder, in etwas verkleideter Form, die Thesen der Kopenhagener Deutung: Es gibt keinen objektiven Beobachter, es gibt keine objektive Wirklichkeit.

Persönliches. Pauli war der Zyniker der Gelehrten-Gemeinde. Seine Einwände waren ebenso gefürchtet wie zerstörend. Ihm ist es zu verdanken, dass de Broglies Ideen in der Versenkung verschwanden. Pauli hatte bei dessen Vortrag eine Lücke in der Theorie entdeckt und sofort offen gelegt. Da de Broglie diese Lücke damals nicht schließen konnte, folgte die Gemeinde der Gelehrten dem Kritiker, und de Broglies Ideen waren erledigt, bis sie von David Bohm in anderer Form wieder belebt wurden.

Diesen Charakterzug erkennt auch sein Horoskop:

Ihr Verstand ist zupackend und schnell. Die ersten Gedanken sind die besten. Sie denken direkt, lebhaft, persönlich, impulsiv. Wenn Sie einen Gedanken gefasst haben, sind Sie schwer davon abzubringen, und Sie werden ihn mit allen Mitteln verteidigen, auch wenn er falsch ist. Sie lieben geistige Auseinandersetzungen, die Sie sehr persönlich führen. Ihre Ideen sind ebenso eigenwillig wie originell.

Paulis persönliche Probleme - er soff zuviel - liegen sicher auch in seinem Perfektionismus und seiner übertriebenen Einstellung bezüglich der eigenen Bedeutung:

Sie wollen um jeden Preis anders sein und halten darum Abstand. Sie meinen, im Leben eine Mission zu haben. Im Grunde Ihres Herzens sind Sie ein Rebell, aber äußerlich halten Sie sich an Konventionen. Sicherheit ist Ihnen wichtig, darum schauen Sie auch immer auf Ihr Bankkonto, bevor Sie einen Kreuzzug beginnen.

Sie gehen an alles mit Entschlossenheit und einem übertriebenen Gefühl der eigenen Wichtigkeit heran. Wenn die Dinge nicht so laufen, wie sie sollten, geht Ihnen das ziemlich an die Nieren. Trotz Ihrer Selbstbeherrschung neigen Sie zu unvorhersehbaren (und ungerechtfertigten) Gefühlsausbrüchen.

Die inneren Spannungen beschreibt unser Astro-Computer kurz und bündig so:

In Ihnen schlummert eine Atombombe an Hochspannung und Rebellion. Wenn Sie diese Spannung unterdrücken, kann es zu heftigen Explosionen kommen (z.B. Darmverschluss, Muskelkrämpfe, Schäden durch Elektrizität und Strahlen). Meiden Sie radioaktive Stoffe und leben Sie Ihre rebellische Ader auf nützliche Weise aus, z.B. in sozialen Reformprojekten.

Pauli litt zuletzt an einem unheilbaren Pankreas-Krebs. Als er ins Krankenhaus eingeliefert wurde, kam er auf Zimmer 137, eine unheilvolle Vorahnung für ihn. Denn diese Zahl ist der Kehrwert der Feinstrukturkonstante. Warum das schlecht sein soll, entzieht sich dem Verständnis des gewöhnlichen Sterblichen, aber der versteht auch nichts von der Symbolkraft synchronistischer Vorgänge. Jedenfalls zeigte sich dabei die, man kann es ruhig so nennen: abergläubische Seite des großen Skeptikers. Im übrigen starb er auch kurz danach, aber nicht wegen der Zahl!

$\rightarrow$ Verschränkung

+++

PAUL ADRIEN MAURICE DIRAC (1902 (Bristol) – 1984)
Nationalität: Großbritannien
Verdienst: Hat eine Erweiterung der Schrödingergleichung gefunden, in welcher der "Spin" automatisch vorkommt. Entwickelte eine spezielle, nach ihm benannte Schreibweise, welche Matrizenmechanik und Schrödingerschreibweise vereint. Postulierte Antimaterie und fand eine frühe Version der "Stringtheorien".
Nobelpreis: 1933 "für die Entdeckung neuer produktiver Formen der Atomtheorie" (wie bei Schrödinger)"
Formel:

$$\left(i \sum_{\mu=0}^{3} \gamma^{\mu} \frac{\partial}{\partial x^{\mu}} - m\right) \psi(x) = 0$$

Bedeutung: Schrödingergleichung mit Spin und Antimaterie
Zitat: *"Eine Theorie von mathematischer Schönheit ist mit größerer Wahrscheinlichkeit korrekt als eine hässliche, die einigen experimentellen Daten genügt. Gott ist ein Mathematiker sehr*

Zahlreich sind die Verdienste des schweigsamen englischen Gelehrten mit den vier französischen Namen. Er war von Anfang an dabei, brachte viele Ideen ein, verblüffte durch seine Mathematikkenntnisse und die Eleganz seiner Formeln. Die nach ihm benannte Delta-Funktion erwies sich als äußerst nützliches mathematisches Hilfsmittel. Sie wurde zwar schon vor ihm von HEAVYSIDE entdeckt (und vor diesem von Fourier), aber Dirac popularisierte sie. Der nach ihm benannten Schreibweise ("Bra-Ket") widmen wir ein eigens Kapitel. Sie machte den Streit zwischen Matrizen- und Wellendarstellung überflüssig, da sie es erlaubte, quantenphysikalische Zustände und Vorgänge neutral zu beschreiben. Später konnte der Benutzer die abstrakten Ausdrücke in die ihm genehme (und mathematisch-physikalisch dem Problem angepasste) Schreibweise übersetzt.

Am wichtigsten und faszinierendsten ist die nach ihm benannte Gleichung, eine Erweiterung der Schrödingergleichung, die er 1928 publizierte. In der Literatur wird immer gesagt, Dirac hätte versucht, die Schrödingergleichung den Postulaten der Einsteinschen Theorien anzupassen. Deswegen der Name "Relativistische Wellengleichung". Doch der Ausdruck "relativistisch" wird in ganz unterschiedlichen Bedeutungen verwendet. Meist meint man damit, dass die Formeln auch bei hohen Geschwindigkeiten (nahe Lichtgeschwindigkeit) gelten sollen. Dabei sollen die in einer Gleichung vorkommenden Orts- und Impulsangaben einer "Lorentztransformation" genügen. Sicher dabei ist die Zunahme des Trägheitswiderstands gegen Beschleunigungen elektrisch geladener Teilchen. Ob diese "relativistische Massenformel" auch für ungeladene Teilchen gilt, konnte noch nicht festgestellt werden - es könnte auch ein rein elektromagnetisches Phänomen sein.

Dirac aber wollte etwas ganz anderes. In dem Kapitel über "Physiker und Mathematiker" zeige ich, wie stark Physiker Symmetrien bevorzugen, wie hässlich ihnen asymmetrische Formeln erscheinen. Für Dirac war die Schrödingergleichung so ein Fall der Asymmetrie: Die ψ-Funktion wird nach dem Raum zweimal abgeleitet ($\partial^2 \psi/\partial x^2$), nach der Zeit aber nur einmal ($\partial \psi/\partial t$). Und das störte sein ästhetisches Empfinden. In der Relativitätstheorie sind Raum und Zeit gleichberechtigt. da gibt es zwar keine Ableitungen, aber x und t kommen in der gleichen Potenz vor. Das wollte Dirac auch in der Quantenphysik - daher der Ausdruck 'relativistisch'.

Eine weitere Ableitung nach der Zeit war nicht möglich, also musste der linke Teil der Gleichung 'linearisiert' werden. Dirac musste die Doppel-Ableitung so umformen, dass er aus dem neuen Ausdruck die Wurzel ziehen konnte. Dann steht auch links eine erste Ableitung. Nach einigem Tüfteln gelang ihm das, allerdings auf Kosten der Einfachheit: Links steht jetzt nicht mehr die einfache ψ-Funktion, sondern eine Reihe von Matrizen, die er zum Teil von Pauli übernahm. Das Schönste, was einem Physiker zustoßen kann, ist eine Formel, mit deren Hilfe Effekte und Phänomene vorausgesagt werden können, die dann tatsächlich (in naher Zukunft) entdeckt werden. Das war mit Diracs Gleichung der Fall.

Erstens erschien in ihr ganz zwanglos der Elektronen-Spin, der in Schrödingers Gleichung fehlte. Das lag auch an Paulis Vorarbeiten mit dessen Matrizen. Diracs Formel lieferte unter anderem auch eine theoretische Erklärung für den anomalen Zeeman-Effekt, aus ihr ergaben sich das richtige innere magnetische Moment des Elektrons sowie die Feinstruktur des Wasserstoffspektrums. Doch das eigentlich Verblüffende und zunächst Unangenehme: Es waren auch Lösungen mit *negativer Energie* möglich. Das liegt an der Energieformel von Einstein, die in ihrer bekannten Form nur für ruhende Teilchen gilt. Für bewegte Teilchen ($p=mv \neq 0$) lautet sie: $E^2 = c^2 p^2 + m^2 c^4$, eine Beziehung, die Dirac für seine Formel brauchte. Zieht man daraus die Wurzel, erhält man für E zwei Werte, wie bei Quadratwurzeln üblich, einen positiven und einen negativen. Und letzterer macht begrifflich Probleme, denn es handelt sich um eine kinetische Energie, und die ist in der klassischen

Physik bekanntlich gleich $mv^2/2$, also immer positiv.

Eine negative Energie ist so etwas Ähnliches wie eine negative Temperatur (unterhalb des absoluten Nullpunkts): Es kann sie nicht geben. Warum eigentlich nicht, was ist so schlimm daran? Im allgemeinen heißt es in der Physik, dass jeder Zustand von sich aus versucht, einen Zustand mit niedrigerer Energie einzunehmen. Da die negativen Energiewerte nach unten unbegrenzt sind, müsste also jegliches System energetisch sofort nach minus Unendlich abstürzen, und es gäbe gar keine Welt.

Also war Dirac gezwungen, dieses Rechenergebnis zu deuten. So dachte sich Dirac eine höchst seltsame Welt aus, die damals von vielen abgelehnt wurde: Es gibt ein Meer negativer Energie, wo aber jeder Zustand von irgendwelchen Teilchen bereits besetzt ist. Diese Teilchen, das ergaben weitere Untersuchungen seiner Gleichung, müssten Spiegelbilder der vorhandenen Teilchen sein, weswegen sie auch "Antiteilchen" genannt wurden. Das ganze Zeugs, das da unten schlummert, hieß dann **Antimaterie**. Die Spiegelung betraf Ladung (so vorhanden) und Masse (immer vorhanden). Das Spiegelteilchen zum Elektron wäre dann ein positives Anti-Elektron mit negativer Energie, also auch mit negativer Masse. Denn gemäß der Einsteinschen Beziehung $E=mc^2$ bleibt c^2 sicher positiv (als Quadratzahl), also muss, wenn E ein Minuszeichen aufweist, auch m ein solches tragen, was immer das zu bedeuten hat.

Dirac hatte also rein theoretisch eine neue Welt entdeckt, mindestens so reichhaltig wie unsere bekannte Wirklichkeit, aber irgendwo versteckt oder nicht mehr existent. Denn die Vereinigung eines Teilchens mit seinem Antiteilchen setzt die in der Einsteinschen Formel vorausgesagte ungeheure Energie sofort frei: Es gibt eine gewaltige Explosion, und wenn eine Normal-Welt auf eine Anti-Welt träfe, wäre alles in kürzester Zeit vernichtet.

Erstaunlich: Das Anti-Elektron wurde 1932 tatsächlich in der kosmischen Strahlung entdeckt und "Positron" getauft. Später entdeckte man auch das Anti-Proton und andere Antiteilchen. Einige der theoretisch aus Diracs inhaltsreicher Gleichung abgeleiteten Teilchen harren noch ihres experimentellen Nachweises, unter anderem das "Weyl-Fermion" (HERMANN WEYL, 1929) und das "Majorana Fermion" (ETTORE MAJORANA ,1937).

Dirac hatte mit seiner Voraussage Recht gehabt, auch wenn die Grundfrage nicht geklärt ist: Was bedeutet eine negative Masse? Wird aus der Anziehungskraft der Gravitation dadurch eine Abstoßungskraft? Und wo sind all die Antiteilchen im Universum?

Noch interessanter: Wenn die Hälfte der Welt voll Energie ist, könnte man diese irgendwie anzapfen. So entstand das Konzept einer **Vakuum-Energie**, aus der manche Esoteriker neue, unerschöpfliche Energiequellen ableiten. Schließlich ergab sich aus Diracs Gleichung + Deutung nicht nur die Vernichtung von Teilchen-Antiteilchen-Paaren, sondern auch deren Erschaffung durch energiereiche Strahlen (Gammastrahlen), was im Labor beobachtet werden konnte.

Dirac hatte allein durch mathematische Tricks unser Weltbild ungeheuer erweitert. Die Folgen sind noch nicht abzusehen. So gehen manche Visionäre davon aus, dass zukünftige Raumschiffe ihre Antriebsenergie aus der Verschmelzung von Materie und Antimaterie ziehen könnten. Doch davon sind wir noch weit entfernt.

Philosophie. Dirac war an philosophischen Fragen nicht interessiert. Für ihn war Philosophie ähnlich überflüssig und hässlich wie für Boltzmann. Er fragte nicht, ob eine (philosophische) Theorie seinen Vorstellungen von der Welt genügte, sondern ausschließlich, ob sie nützlich sei. Weil Philosophie für ihn belanglos war, übernahm er die gängige Meinung, das war die Kopenhagener Deutung, obwohl er von Niels Bohr nicht sonderlich viel hielt. 1925, nach einem Treffen mit ihm, bekannte er:

Die Leute waren gebannt von dem, was Bohr erzählte. Seine Argumente waren meistens qualitativer Natur, und ich konnte die Fakten dahinter nicht erkennen. ... Er hat mich nicht direkt beeinflusst, denn er hat einen nicht dazu angeregt, sich neue

Gleichungen auszudenken. ... Wir redeten lange miteinander, sehr lange, und die meiste Zeit redete Bohr.

Dirac bekannte sich zum Atheismus, weshalb anzunehmen ist, dass er eher der Weltanschauung der Atomisten zuneigen würde, interessierte er sich dafür. Bei der Ablehnung alles Religiösen zitierte er sogar Marx:

Wenn wir ehrlich sind - und Wissenschaftler müssen ehrlich sein - müssen wir zugeben, dass Religion ein Kuddelmuddel falscher Behauptungen ohne Grundlage in der Wirklichkeit darstellt. Die Idee eines Gottes ist das Produkt der menschlichen Einbildungskraft. Man kann gut verstehen, wie primitive Völker, die den überwältigenden Launen der Natur viel mehr ausgesetzt waren als wir, diese Kräfte in Furcht und Schrecken personifizierten. Aber heute, da wir so viele natürliche Vorgänge verstehen, brauchen wir solche Lösungen nicht mehr. Ich kann beim besten Willen nicht sehen, wie die Vorstellung eines allmächtigen Gottes uns irgendwie behilflich sein kann. ... Wenn Religion weiterhin unterrichtet wird, dann auf keinen Fall wegen ihrer überzeugenden Ideen, sondern einfach, weil einige unter uns die unteren Klassen still halten wollen. Schweigsame Menschen sind leichter zu beherrschen als unzufriedene, die ihrem Unmut Raum geben. Und man kann sie auch besser ausnutzen. Religion ist eine Art Opium, das es einer Nation erlaubt, sich in Wunscherfüllungsträumen einzulullen und so die Ungerechtigkeiten zu vergessen, die an diesen Menschen verübt werden.

Wichtig war ihm allein die Schönheit mathematischer Formeln: *Gott benutzte schöne und sehr fortgeschrittene Formeln, als er die Welt erschuf. Wenn wir sie entdecken, werden wir auch die Welt verstehen.*

Persönliches. Kaum ein anderer der Gelehrten, welche die Quantenphysik vorantrieben, eignet sich besser für eine psychoanalytische Durchdringung wie der schweigsame Mann aus England mit den vier französischen Namen. Niels Bohr bezeichnet ihn als den "seltsamsten Mann, der mich je besuchte", weil er versuchte, aus einer Matrix die Wurzel zu ziehen. Folgerichtig hat eine Biographie über Dirac dieses Zitat als Titel: "The Strangest Man". Das "Seltsame" an ihm war, dass er andere nicht volllaberte (im Gegensatz zu Bohr), sondern lieber schwieg, wenn er nichts Wesentliches zu sagen hatte. Er selber nannte als Grund für seine Wortkargheit: *In der Schule wurde mir gesagt, ich solle einen Satz erst dann beginnen, wenn ich wüsste, wie ich ihn beenden kann.* Diese Meinungen äußerte er aber nur als Kontrast zur Vorgehensweise seines damaligen Mentors Bohr, der jeden Satz dutzende Male umformte und am Ende immer noch unzufrieden mit seiner Formulierung war (zu Recht, denn keiner verstand ihn). Dirac äußerte sich nur, wenn für ihn alles klar war.

Dirac war ein äußerst anspruchsloser Mensch. Zufrieden konnte er den ganzen Tag in einer dunkeln Ecke einer Bibliothek sitzen oder einen langen Spaziergang nur mit sich selbst machen, ohne sich zu langweilen oder Gesellschaft zu suchen. Dazu passt, dass er nicht rauchte, keinen Alkohol trank und sich an den feuchtfröhlichen Festen anderer nicht beteiligte. Zeremonien waren ihm verhasst, und in andere konnte er sich nicht hineinversetzen, weshalb seine spärlichen sprachlichen Äußerungen meist schockierend klangen. Diplomatie war ihm unbekannt; die Wahrheit spricht für sich, und von sich aus hätte er ja auch nichts gesagt.

An seiner Schweigsamkeit war angeblich sein Vater schuld. Der nämlich, ein fanatisch frankophiler Frankoschweizer, bestand darauf, dass sein Sohn alles aufisst, was am Tisch steht, und sich stets nur in korrektem Französisch ausdrückt, obwohl die Familie in England lebte und die Mutter Engländerin war. So lernte Dirac jr., alles runterzuschlucken (ganz wörtlich) und nichts zu sagen, es könnte ja zu Prügeln führen, wenn er eine Silbe falsch aussprächte. Der Vater war ein derart übler Tyrann, dass sich Diracs Bruder seinetwegen das Leben nahm.

Das alles kann aber nicht stimmen, wie sein Biograph GRAHAM FARMELO herausfand. Erstens sprach Paul exzellent Englisch, als er

in die Schule kam, was mit einer Kindheit in reinem Französisch
unvereinbar ist. Zweitens war Pauls Vater sehr beliebt, streng, aber
fördernd und gerecht, was wenig sagt, denn viele Menschen verkör-
pern das Prinzip des "Dr. Jekyll und Mr. Hyde": Tagsüber eine Seele
von Mensch, nachts erwacht das Böse.

Der Vater aber war sicher nicht schuld am Tod seines Sohnes Felix.
Denn Felix saß beim Frühstück immer bei Mutter und Schwester,
wurde also nicht diszipliniert. Vermutlich starb Felix aus Frustration
und Einsamkeit. Sein jüngerer Bruder Paul war hochbegabt, er nicht.
Sein jüngerer Bruder Paul machte Karriere, er nicht. Sein jüngerer
Bruder sprach nicht mehr mit ihm. Sein jüngerer Bruder war das
Lieblingskind der Mutter, seine Schwester das Lieblingskind des
Vaters. Felix dagegen ging leer aus, existierte sozusagen im emoti-
onalen Niemandsland der Familie.

Zurück zu Paul. Es gibt eine Vermutung, dass Dirac unter dem *Asperger-Syndrom* litt, das ist eine milde Form des Autismus. Das "leiden" liegt allerdings im Auge des Zuhörers, nicht des davon Be-
troffenen. Aspergerforscher SIMON BARON-COHEN von der
Cambridge-Universität in England zählt einige Merkmale für das
Asperger-Syndrom auf:

- Aspergers können keinen "small talk" führen. Bei Partygesprächen
langweilen sie sich schnell; sie bevorzugen sinnvolle Unterhaltun-
gen.

- Aspergers haben wenige soziale Kontakte, dafür meist ein starkes
Verhältnis zur Mutter.

- Aspergers nehmen alles wörtlich. Deshalb sind sie ironiefrei und
absolut humorlos.

- Aspergers können sich nicht in das Denken und Fühlen anderer
Menschen hineinversetzen. Ihnen fehlen offenbar die "Spiegelneu-
ronen", die so etwas ermöglichen. Konkret bedeutet dies: Wird ein
Asperger um eine Erklärung gebeten, gibt er die in seinen Worten.
Versteht der Fragesteller die Antwort nicht und frägt nach, erklärt

der Asperger die Sache noch einmal, mit exakt den gleichen Worten. Das kann sich beliebig oft wiederholen, denn Aspergers haben Geduld.

- Auf Grund dessen sind - oder wirken - Aspergers emotionslos.

Alle Kriterien treffen auf Dirac zu, mehr oder weniger. Partygespräche waren schrecklich für ihn. Bei Vorlesungen pflegte er aus seinem Buch vorzulesen und Fragen mit der immer gleichen Antwort (aus seinem Lehrbuch) zu beantworten. Soziale Kontakte hatte er keine, allerdings war die Mutterbindung einseitig - sie vergötterte ihn, er wollte von seiner Familie nichts wissen. Fragen nahm er wörtlich, Kommentare beantworte er nicht - es waren ja Kommentare, keine Fragen. Doch das mit dem Humor ... Dirac hatte eine heimliche Leidenschaft: Er konnte im Kino einen ganzen Tag lang Micky-Maus-Filme anschauen und sich dabei kaputt lachen. Seine Kollegen durften davon nichts wissen. Und so ganz ohne Gefühle war er auch nicht, auch wenn er nur ein einziges Mal weinte: als er vom Tod seines Idols Einstein erfuhr.

Von Kunst hielt er gar nichts. Zu ROBERT OPPENHEIMER, der auch Gedichte schieb, sagte er voll Unverständnis: *In der Wissenschaft versuchst du etwas zu sagen, das vorher niemand wusste, mit Worten, die jeder versteht. In der Dichtkunst musst du etwa sagen, was jeder schon kennt, mit Worten, die keiner versteht.* Und beim gemeinsamen Besuch eines Museums mit Bohr bemerkte Dirac beim Anblick eines impressionistischen Gemäldes: *Das ist unvollendet.*

Bei aller scheinbarer Abgeschlossenheit und Gefühlskälte konnte Dirac erstaunlich sensibel sein und auch Verantwortung übernehmen. Und nicht zuletzt seine Ehe mit einer temperamentvollen ungarischen Witwe mit zwei Söhnen (der Schwester von Eugen Wigner) zeigte eine ganz andere Seite des verschlossenen Engländers: Sie verlief harmonisch. Zwar lag es an ihr, ihn zu öffnen und sanft zur Ehe zu überreden, denn er hatte Angst, die trübe Beziehung seiner Eltern zu wiederholen. Doch als er sich entschlossen hatte, das Experiment zu wagen, wurde er ein fürsorglicher Vater und fröhlicher Ehemann. Erstaunlich, was die Liebe alles bewirken kann! Und erstaunlich, zu welch skurril-liebenswürdigen Handlungen dieses Mathe-Genie fähig war: Als eine seiner Töchter eine Katze haben wollte, begrüßte der Vater den Wunsch, denn dann würde sie Verantwortung übernehmen. Als die Katze da war, baute Dirac eine 'Katzenklappe', d.h., er sägte eine Öffnung in die Haustür. Aber vorher vermaß er sorgfältig die Breite der Schnurrhaare der Katze und sägte die Öffnung ein wenig größer. So sorgte er dafür, dass die Katze beim Durchschreiten der Klappe keine Unannehmlichkeiten hätte!

Diracs Selbstbewusstsein war gut entwickelt. RICHARD FEYNMAN hielt Dirac einmal einen langen Vortrag. Der wortkarge Dirac dachte am Ende zwei Minuten nach und antwortete Feynman dann: *Ich habe eine Gleichung. Und Sie?* Das bestätigt auch sein Horoskop:

Sie sind urteilsfähig, analytisch und penibel. Sie sind vorsichtig und verschwiegen. Sie erlangen Einfluss und Ansehen nicht so sehr durch aktive Führung als mehr durch geistige Aktionen. Die Feder ist für Sie mächtiger als das Schwert. Ihre große Schwäche liegt in Ihren manchmal harten bis arroganten Meinungen und Urteilen. Ihre Beobachtungen sind meist sehr genau, aber Sie drücken Ihre Erkenntnisse oft zu deutlich aus. So brüskieren Sie Ihre Mitmenschen.

Ihr Verstand ist zielstrebig, willensstark, optimistisch, selbstbewusst, schöpferisch, theatralisch, konsequent. Wenn Sie etwas geistig in Angriff nehmen, haben Sie auch die Kraft und Ausdauer, es zu Ende zu führen. Und den Ehrgeiz dazu, denn Sie wollen, zumindest geistig, als Autorität anerkannt werden. Mit Ihrem Selbstvertrauen und Ihrem Optimismus wird es Ihnen auch gelingen.

→ Die Bra-Ket-Schreibweise
→ Mathematiker und Physiker

... zum Schluss noch etwas zur Entspannung: Dirac schuf auch den Begriff der "Spinoren", das sind Gebilde, die erst nach zweimaliger Drehung um sich selbst (also um $720° = 4\pi$) wieder in sich übergehen. Dazu habe ich vor langer Zeit ein kleines Gedicht zu Ehren des Meisters geschrieben. Vorhang auf:

Das Vakuum

Das Vakuum starrt vor sich hin
Es hat nur sich (sonst nichts) im Sinn.

Das Vakuum fühlt sich geniert
dieweil es dauernd fluktuiert.

Das Vakuum dreht sich um π
und sieht die Welt wie vorher nie.

Doch auch nach einem vollen Lauf
liegt nicht der alte Kosmos auf.

Das Vakuum denkt voller Scheu:
Ich bin ein Spinor, meiner Treu!

Das Vakuum sucht Eleganz
und findet bloß Kovarianz.

Das Vakuum ist wie ein Band
oder ein Ball, doch ohne Rand.

Das Vakuum ist leicht verstimmt -
nach welcher Richtung ist's gekrümmt?

Das Vakuum verbiegt den Raum
zurück bleibt Gravitonenschaum.

Das Vakuum wird ungeniert
vom Propagator retardiert

und findet sich nach langer Zeit
als Dichte mit Vergangenheit.

Das Vakuum treibt Schabernack
In England lebt ein Herr Dirac.

Das Vakuum verformt Lakritzen
der Herr Dirac sucht nach Matrizen.

Dirac hat endlich, was er sucht
das Vakuum ergreift die Flucht.

Vergebens ist die Welt-Entweichung
das Vakuum steht da als Gleichung.

Das Vakuum liest S. Carnot
und stirbt hierauf den Wärmetod.

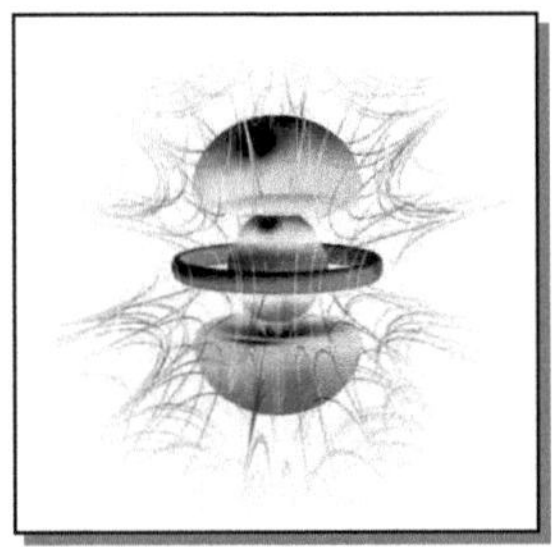

Ein Spinor

JOHN VON NEUMANN (1903 (Budapest) - 1957)

Nationalität: Ungarn ("János Lajos Neumann von Margitta"),
USA

Verdienst: Hat 'bewiesen', dass es außer der Kopenhagener Deutung keine andere Möglichkeit gibt, die Bahnen von Teilchen exakt zu berechnen. (Wurde später von Bohm und Bell widerlegt). Stellte die Quantenphysik auf eine mathematische Grundlage ("Observable in einem Hilbertraum", 1920), die sich später als falsch erwies. Stellte die Quantenphysik zum zweiten Mal auf eine mathematische Grundlage ("Observable in einer C*-Algebra"), die sich später als falsch erwies. Stellte die Quantenphysik zum dritten Mal auf eine mathematische Grundlage ("Quantenlogik",1936), die sich später als falsch erwies.

Nobelpreis: keiner

Formel: $\quad \langle A \rangle = A$

Bedeutung: Setzt man voraus, dass nur Mittelwerte messbar sind (linke Seite), dann ergibt eine Messung nur einen Mittelwert (rechte Seite).

Zitat: *"Die Wissenschaften versuchen nicht zu erklären und kaum jemals zu deuten. Sie erschaffen hauptsächlich Modelle. Die Rechtfertigung dafür liegt allein und genau darin, dass man davon erwartet: Es funktioniert."*

Neumann hat sich in zahlreichen mathematischen Disziplinen hervorgetan, darunter Mengenlehre, Spieltheorie, axiomatische Grundlegung der Quantentheorie. Zusammen mit anderen entwickelte er die Architektur elektronischer Rechenmaschinen, wirkte entscheidend am "Projekt Manhatten" zur Entwicklung einer Atombombe mit, war militärischer Berater der US-Regierung und befürwortete eine komplette Bombardierung der Sowjetunion. Uns interessieren hier aber nur seine Beiträge zur Quantenphysik, speziell sein "Beweis", dass eine exakte Beschreibung von Elektronenbahnen (eine Theorie mit "verborgenen Parametern") unmöglich ist.

Im Jahre 1932 veröffentlichte er in seinem Lehrbuch der Quantenphysik einen Beweis, in dem er mathematisch nachwies, dass die Quantenphysik in sich abgeschlossen ist, dass allein die statistische Interpretation zulässig sei und dass man niemals Kausalität oder Determinismus in diese Theorie einführen könne. Der Beweis war nicht nur unsinnig, um nicht zusagen: falsch; er behinderte auch den Fortschritt der Wissenschaft für Jahrzehnte. Denn wer immer eine kausale Quantenphysik vorstellen wollte (wie de Broglie, Schrödinger, später Bohm), wurde mit den Worten "aber von Neumann hat gezeigt" niedergeknüppelt.

Kein Physiker hat den Beweis je durchgearbeitet, dazu war dieser zu kompliziert, zu undurchsichtig, zu abstrakt. Heisenberg hätte vielleicht durchgeblickt, doch der freute sich darüber. Schrödinger hätte vielleicht durchgeblickt, doch der interessierte sich mehr für seine zahlreichen Geliebtinnen. Dirac hätte vielleicht durchgeblickt, doch dem lagen eher seine ästhetischen Formeln am Herzen. Die Mathematikerin GRETE HERMANN deckte zwar schon 1935 den Neumannschen Unfug auf ("Die naturphilosophischen Grundlagen der Quantenmechanik"), aber niemand hörte auf sie. Sie war eine Frau, Neumann ein Mann. Sie war sorgfältig, Neumann genial. Sie war unbekannt, Neumann berühmt. Also, was soll's. Erst JOHN BELL machte 1964 dem Spuk kein Ende, das ist eines seiner großen Verdienste. Doch erst mal zum Beweis.

Will man etwas beweisen, muss man von bestimmten Voraussetzungen ausgehen, nach denen mit den Regeln der Logik und der Mathematik unter Zuhilfenahme anderer, schon bewiesener Aussagen neue Aussagen abgeleitet werden. Der berühmte, wohl eher: berüchtigte Neumannsche Beweis sieht etwa so aus: Ich setze voraus, dass es jetzt regnet. Nun will ich beweisen, dass es jetzt regnet. Beweis: Angenommen, es wäre nicht so, dann widerspräche dies der Voraussetzung. Also ist es so. Klingt nach der Logik von Lewis Carroll in "Alice im Wunderland".

Um die Sache wieder zur Quantenphysik zurück zu bringen: Neumann setzte voraus, dass (a) die Quantenphysik aus Messungen besteht, und (b) nur ein Mittelwert (ein statistisches Ensemble) das Ergebnis einer Messung sein kann. Auf Grund dieser Voraussetzungen bewies er nun auf seine unnachahmlich undurchsichtige Art, dass nur Mittelwerte (statistische Ensembles) gemessen werden können. Oder, nicht ganz so trivial: dass es unmöglich sei, individuelle Eigenschaften zu berechnen oder gar zu beobachten. Mit anderen Worten: Wenn eine Untersuchung an vielen Männern feststellt, dass deren Durchschnittsgröße gleich 178,5 cm beträgt, dann hat nach Neumann jeder Einzelne ebenfalls exakt diese Größe. Dass einem Mathematiker sowas passiert, verwundert schon etwas. Dass andere darauf hereinfallen, erst recht.

Natürlich fragt sich jeder: Wie kann einer der genialsten Mathematiker des 20. Jahrhunderts einen derartigen Schnitzer machen und auch noch jahrzehntelang vertreten? Hier verwechselt der Frager "genial" mit "vernünftig". Von Neumann war ebenso brillant wie stur, in seinem Denken ebenso kreativ wie starr. Sein Dogmatismus zeigt sich auf einem anderen Gebiet, der Statistik. Wenn ein Student versuchte, eine Aufgabe an der Tafel auf unkonventionelle Weise zu lösen, ergriff Neumann seine Hand und zwang ihn, die Antwort auf Neumanns Weise hinzuschreiben.

Persönliches. Wir haben schon angedeutet: Unter der Oberfläche des geselligen, jovialen, großzügigen Universalgenies verbarg sich ein eigensinniger, unnachgiebiger Charakter, vollkommen von sich überzeugt: "*Mit vier Parametern passe ich [eine Gleichung] einem Elefanten an, mit deren fünf lass ich ihn mit dem Rüssel wedeln.*" Der Reschissör STANLEY KUBRICK hat ihm als "Dr. Seltsam" ein böses Denkmal gesetzt. Das Horoskop beschreibt seinen Charakter sehr gut:

Ihr persönliches Leben gleicht gelegentlich einer TV-Serie. Liebesaffären verlaufen stürmisch und dramatisch. Sanfte und harmonische Beziehungen sind nichts für Sie. Außerdem liegt Ihnen mehr an Ihren beruflichen Aktivitäten und an Ihren Lebenszielen. Ihre innere Rastlosigkeit lässt Sie kaum zum Verschnaufen kommen. Obwohl Sie geliebt und anerkannt werden möchten (denn Ihrer Meinung nach sind Sie ein großartiger Mensch), haben Sie selten Zeit für intime Beziehungen oder für die romantischen, spirituellen, geistigen Bereiche des Lebens.

Trotz Ihrer gewohnten Vorsicht können Sie manchmal ganz schön impulsiv sein, besonders dann, wenn die Dinge nicht so glatt laufen, wie sie es in Ihrer Vorstellung sollten. Dann werden Sie unruhig und ärgerlich. Und Ihren Zorn kann niemand übersehen oder -hören! Lernen Sie Geduld denjenigen gegenüber, die Ihrem Tempo nicht so ohne weiteres folgen können. Sonst werden Sie ein recht einsamer Mensch.

Ihr Verstand ist nüchtern, praktisch, methodisch, vorsichtig, konservativ, organisatorisch, mathematisch, gründlich. Ihr Organisationsvermögen, gepaart mit Ehrgeiz und weitblickender Gründlichkeit, sichert Ihnen den Erfolg in geschäftlichen Dingen, aber auch bei der Planung Ihrer Karriere im Rahmen einer großen Institution.

Sie können neuen und abstrakten Ideen eine feste Form geben, indem Sie sich beispielsweise mit Wissenschaft und Mathematik, aber auch mit dem Fortschritt der Menschheit beschäftigen.

Elemér E Rosinger: What is wrong with von Neumann's theorem on "no hidden variables". 16. Sept. 2004, https://arxiv.org/abs/quant-ph/0408191v2

HUGH EVERETT (1930 (Washington) – 1982)

Nationalität: USA

Verdienst: Fand eine neue und sehr originelle Interpretation der ψ-Funktion: die Vielweltentheorie, auch Theorie der Multiversen oder der Parallelwelten genannt.

Symbol:

Bedeutung: Mit jeder "Messung" entsteht ein neues Universum. Im linken Zweig lebt Schrödingers Katze, führt ein glückliches Leben (oben links) oder leidet infolge des Experiments an posttraumatischen Störungen (oben rechts). Im rechten Zweig ist sie tot, darf in Frieden ruhen (Mitte links) oder wird weiter wissenschaftlich untersucht (Mitte rechts). Jede der vier Parallelwelten verzweigt sich weiter in jedem Augenblick.

Zitat: *"Als Analogie [meiner Vielwelteninterpretation] kann man sich eine intelligente Amöbe mit einem guten Gedächtnis vorstellen. Nach jeder Spaltung haben alle Tochteramöben die gleichen Erinnerungen wie die Mutter-Amöbe."*

Wie viele denkende Physiker war auch der brillante Everett mit dem Kopenhagener Klumbatsch unzufrieden. Das mit dem Kollaps sieht so künstlich aus, und auch die Wahrscheinlichkeiten gefielen ihm nicht. Kurze Zeit neigte Everett zu einer kausalen Quantenphysik nach dem Vorbild von de Broglie, verwarf den Gedanken aber wieder. Dafür dachte er sich eine völlig andere Deutung der ψ-Funktion aus, die besagt: Es gibt keinen Kollaps, also keine Reduktion auf nur *einen* Zustand. Vielmehr entsteht bei jeder Messung eine neue Welt, besser gesagt: ein neues Bewusstsein.

Auf Anregung seines Doktorvaters JOHN ARCHIBALD WHEELER (Schöpfer des Begriffs "Schwarzes Loch") schrieb er 1956 darüber eine Dissertation. Die These war revolutionär, doch niemand nahm Notiz von ihr. Doktorvater Wheeler, offenbar ein eher ängstlicher Typ, wollte den Segen des Papstes, und so fuhren die beiden 1959 nach Kopenhagen und baten ehrfürchtig NIELS BOHR um seine Meinung. Der, inzwischen 75 und mehr denn je von sich überzeugt, reagierte wie üblich: Er schwadronierte über seine Philosophie und weigerte sich, den frechen Jüngling zu Wort kommen zu lassen, geschweige denn, sich seine Thesen anzuhören oder gar sie zu lesen. Frustriert verließ Everett den heiligen Ort und wandte sich, tief getroffen, ganz anderen (und finanziell sehr erfolgreichen) Themen zu.

Doch ein anderer Physiker, BRYCE DEWITT, las zufällig Everetts Publikationen, und war begeistert. DeWitt arbeitete über die Quantisierung der Gravitation und über "Supersymmetrien". Er fand eine etwas andere Deutung von Everetts These, der er den bekannten Namen gab. (Die Theorie von Everett und deWitt heißt auch Theorie der **Multiversen** oder der **Parallelwelten**). In der Interpretation aber unterscheiden sie sich:

- Bei Everett gibt es *eine* Welt, aber *viele* (Plural von Bewusstsein, also Beobachter). Deswegen hat er sich auch eine Super-Psifunktion ausgedacht, eine, die das ganze Universum umfasst.

- Bei deWitt gibt es *viele* Welten mit jeweils *einem* Bewusstsein.

Bei dieser Deutung kommen allerdings auch einige physikalische Probleme zum Vorschein. Wo sind denn diese unendlich vielen Welten? In der vierten Dimension sicher nicht, dort strömt die Zeit.

Die fünfte bis 11. Dimension ist von den String-Theoretikern besetzt, die 12. bis 23 Auch. Ab Dimension 24 stecken die Supersymmetriker ihren Claim ab ... Wozu noch kommt, dass alle Dimensionen ab Nr. 5 zu unendlich langen, unendlich dünnen Fäden zusammengerollt sind. Wo soll da noch Platz für ein ganzes Universum sein?

Weiters: Wie schaffen es diese Welten, sich strikt gegeneinander abzuschotten? Sie schaffen es nicht; siehe die Erklärung des Doppelspaltversuchs durch die Vielweltentheorie, wo "Geisterteilchen" aus Parallelwelten den Elektronen in dieser Welt bei der Überwindung räumlicher Hürden helfen. Außerdem gibt es etwas, das keine Schranken kennt, aber auch nicht unendlich groß werden kann: die Energie. Wie schafft es die Energie der jeweiligen Welt, nicht in andere hineinzufließen?

Die Everett-deWitt-Theorie klingt wie Sciencefiction - und dadurch wurde sie auch berühmt! Denn erst als das renommierte SF-Magazin *Analog* 1976 einen Bericht darüber brachte, wurde sie schlagartig bekannt, auch bei Physikern. Also doch Sciencefiction? Und ob! Schon vorher verfasste der SF-Autor JACK WILLIAMSON seine "Legion of Time" ("Die Zeitlegion"). Sie erschien 1938, und in ihr kommt der bemerkenswerte Satz vor: *Geodätische Linien tragen in sich unendlich viele mögliche Verzweigungen, nach Lust und Laune des subatomaren Indeterminismus.* Da ist alles drin, von der Allgemeinen Relativitätstheorie ("Geodätische") über die Kopenhagener Deutung der Quantenphysik ("Indeterminismus") bis zur Vielweltentheorie ("unendlich viele mögliche Verzweigungen"). Die Kunst war der Wissenschaft wieder mal um Jahrzehnte voraus.

Philosophie. Everett war einer der wenigen, der sich aus seiner Physik eine Ersatzreligion zusammenbastelte. Von Haus aus Atheist glaubte er, durch die Parallelwelten könne sich sein Bewusstsein jeweils jene Welt aussuchen, in welcher er unsterblich sei. Ähnlich seine Tochter: In ihrem Abschiedsbrief vor ihrem Selbstmord bat sie darum, ihre Asche in alle Winde zu zerstreuen.

Vielleicht könne sie dann in einer anderen Welt zu ihrem Vater finden, den sie in dieser Welt nie gefunden - empfunden - hatte. Womit wir beim weniger erfreulichen Teil dieses Kapitels wären:

Persönliches. Für seine Kinder (und auch für seine Kollegen und Untergebenen) war er ein gefühlsmäßig unerreichbares Wesen, *"ein Möbelstück am Esstisch, immer mit einer Zigarette im Mund."* Er war Kettenraucher und Alkoholiker und starb an Herzinfarkt im Alter von 51 Jahren. Seine scheinbare Gefühllosigkeit war wohl auch der Grund für den Selbstmord seiner Tochter. Das Computer-Horoskop sagt zu dieser Seite seiner Persönlichkeit:

Ihr Problem liegt darin, Gefühle zu unterdrücken, anstatt offen und ehrlich darüber zu reden. Sie öffnen sich nicht leicht einer Erforschung Ihres Innenlebens. Unterdrückte Gefühle können zu Depressionen führen, zu Verzagtheit und Launenhaftigkeit.

Selbst sein Verstand neigte eher dem Abgründigen zu:

Ihr Verstand ist bohrend, tiefgründig, kritisch, scharf, manchmal stachelig, persönlich, entschlossen. Sie lieben Geheimnisse und möchten ihnen auch auf den Grund gehen, besonders auf den Grund der Seele. So haben Sie keine Scheu, die Wahrheit zu erkennen, auch wenn diese recht hässlich ist. Andrerseits sehen Sie zu sehr das Abgründige, Gemeine, Negative, was zu Misstrauen und Zynismus führen kann.

Doch laut Computer ist ihm der Erfolg sicher:

Mit den Oberflächeneindrücken sind Sie nie zufrieden. Sie möchten in die Tiefe dringen und die wahre Bedeutung der Dinge erforschen. Tiefe, Fantasie und Sinn fürs Reale verhelfen Ihnen zum Erfolg auf beinahe jedem Gebiet, das Sie sich aussuchen. Haben Sie sich einmal ein Ziel gesteckt, dann bleiben Sie auch mit beispielloser Konzentration und Hingabe dabei.

→ Quantenphysik und Sciencefiction

JOHN BELL (1928 (Belfast) – 1990)

Nationalität: Irland
Verdienst: Hat die Bedeutung des Einstein-Podolsky-Rosen-Artikels entdeckt und gezeigt, dass Schrödingers Vermutung zutrifft: Die Verschränkung (eine augenblickliche Verbindung von "Zwillingsteilchen") charakterisiert das Wesen der Quantenphysik. Hat dies durch seine Ungleichung konkretisiert.
Nobelpreis: wurde vorgeschlagen, starb aber vorher
Formel (grafisch):

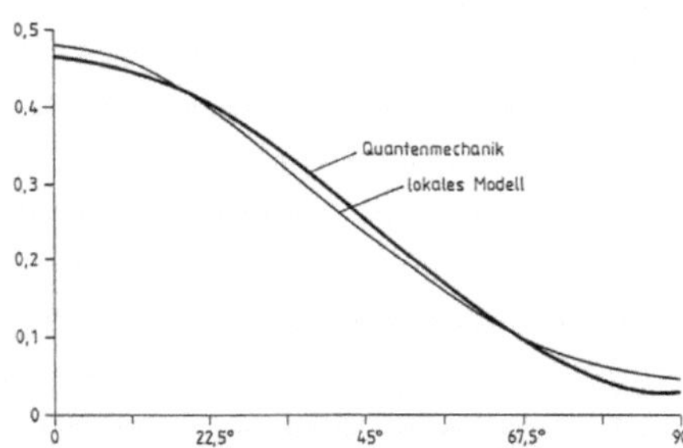

Bedeutung: "Bellsche Ungleichung" zur Unterscheidung zwischen einer "lokalen" (klassischen) und einer "nicht-lokalen" (quantentheoretischen) Beschreibung der Natur

Zitat: *"Wartete die Wellenfunktion der Welt auf ihre Reduktion tausende von Millionen Jahren, bis der erste Einzeller erschien? Oder musste sie ein bisschen länger warten, auf ein besser qualifiziertes System mit Doktortitel?"*

Bells großes Verdienst bestand in der Wieder-Entdeckung des Paradoxons von Einstein-Podolsky-Rosen ("EPR"). Er brachte Einsteins Ideen in eine praktikable Form und schuf mit seiner Ungleichung die Möglichkeit, die EPR-Gedanken praktisch zu überprüfen. Es geht um Folgendes: Zwei "verschränkte" (zur gleichen Zeit am gleichen Ort entstandene) Teilchen behalten eine unsichtbare, augenblickliche Verbindung. Wenn eine bestimmte Eigenschaft des einen sich ändert, macht das andere Teilchen automatisch und sofort das Gleiche, egal wie weit entfernt.

Bell schlug als Realisierung dieses Gedankenexperiments die Messung der Polarisationseben der Fotonen vor und errechnete außerdem eine statistische Korrelation, die von der für unverschränkte Teilchen abwich - siehe Diagramm. Die Abweichung ist aber so gering, dass man wirklich exzellente Experimente braucht, um sie zweifelsfrei festzustellen. Das ist offenbar geschehen durch Versuche von ALAIN ASPECT (1982) und vielen anderen. Womit beweisen wurde: Es gibt eine Erscheinung der Quantenphysik, welche der speziellen Relativitätstheorie eindeutig widerspricht. Denn dort ergeben sich bei Überschreiten der Lichtgeschwindigkeit unrealistische Werte - Länge und Masse werden imaginär, was bisher niemand deuten konnte oder wollte.

Hier noch ein paar Erklärungen zu Begriffen, die in der Literatur immer wieder auftauchen. Die frühen Streiter um die wahre Deutung quantenmechanischer Formeln sprachen von "Nicht-Lokalität", wenn sie diese augenblickliche Verbindung meinten. Und John von Neumann, der grandiose Beweis-Konstruktör, verunglimpfte alle Theorien, die eine kausale, deterministische, exakte Beschreibung der Natur anboten, als Theorien mit "verborgenen Parametern". Womit er wohl andeuten wollte, dass hier etwas versteckt blieb, was nie zum Vorschein kam, eben individuelle Eigenschaften. David Bohm, dem eine solche Theorie gelang, verwendete diesen Ausdruck nicht, weil er nicht passte. Die von ihm berechneten Bahnen, also die Orte von Quantenobjekten, waren bei Bohm nicht verborgen, denn man konnte sie jederzeit messen. Früher nur statistisch, heute kann man aber einzelne Teilchen - Elektronen, Fotonen - erzeugen, aufbewahren und mit ihnen experimentieren. Kein Wunder, dass Bell zum glühenden Anhänger der Bohmschen Theorie wurde.

Philosophie. Wer immer sich intensiv mit den Problemen der Quantenphysik auseinandersetzt und sich dabei einen objektiven Geist bewahrt, kommt nicht umhin, sich Gedanken über Raum und Zeit, über Kausalität und Chaos, über Messung und Realität zu machen. Dabei schwappen die Gedanken bisweilen in die Welt des Alltags, ja ins Menschliche. So packte Bell auch das Problem des Freien Willens an und kam zu erstaunlichen Erkenntnissen:

Eine Möglichkeit, dieses Phänomen [der augenblicklichen Verbindung] zu verstehen besteht in der Annahme, die Welt wäre superdeterministisch. Nicht nur die unbelebte Natur ist deterministisch, sondern auch die Handlungen von uns, den Experimentatoren, die da glauben, sie könnten Zeit und Art eines Versuchs wählen, sind vorherbestimmt. Dann gibt es natürlich auch keinen freien Willen.

Doch zurück zur Quantenphysik, wo Bell sich in die Reihe der Realisten einreiht. JOHN CLAUSER, Doktorand an der New Yorker Columbia University, war überzeugt, dass Bells Ungleichung einer Überprüfung wert sei. Er wandte sich an seinen Doktorvater und bekam von diesem zu hören: "Kein vernünftiger Experimentalphysiker würde jemals versuchen, die Ungleichung wirklich zu prüfen." Die Reaktion entsprach der "Hinnahme der Kopenhagener Deutung als Evangelium", wie Clauser später schrieb. "Hinzu kam noch die mangelnde Bereitschaft, die Theorie auch nur vorsichtig in Frage zu stellen". Trotzdem hatte Clauser mit seinen Kollegen MICHAEL HORNE, ABNER SHIMONY und RICHARD HOLT bis zum Sommer 1969 ein Experiment konzipiert und durchgeführt, welches die Nicht-Lokalität der Beziehung von verschränkten Teilchen beweis.

Clauser hatte häufig gehört, Einstein und Schrödinger "seien senil geworden" und auf ihre Meinungen über Quantenmechanik sei kein Verlass mehr. "Dieses Geschwätz bekam ich von einer großen Zahl bekannter Physiker aus vielen verschiedenen renommierten Instituten zu hören", erinnerte er sich Jahre später. Im Gegensatz dazu wurden Bohr fast übernatürliche Kräfte der Logik und Intuition zugeschrieben. Man behauptete sogar, Bohr habe im Unterschied zu anderen Forschern überhaupt keine Berechnungen durchführen müssen. Laut Clauser wurden "unvoreingenommene Fragen zu den Wundern und Eigenheiten der Quantenmechanik", die über die Kopenhagener Deutung hinausgingen, "durch verschiedene religiöse Stigmata und soziale Zwänge praktisch verboten, die in ihrer Gesamtheit auf einen missionarischen Kreuzzug gegen derartiges Denken hinausliefen."

Persönliches. Unser Astro-Computer sagt Folgendes über Bell:

Sie sind eine unscheinbare, bescheidene Erscheinung, doch unter der kühlen Oberfläche verbirgt sich eine starke, entschlossene, ja gerissene Persönlichkeit. Sie besitzen Selbstsicherheit und eine magnetische Ausstrahlung, was Ihren Erfolg im Leben sichert. Das Leben ist für Sie ein ständiger Kampf. Sie sind stets abwehrend und misstrauisch gegenüber jedermann. Sie sind der unermüdliche General, der jeden Schritt vorausplant.

Ihr Verstand ist von Gefühlen und Erinnerungen beeinflusst, mit gutem Erinnerungsvermögen, bildhaft, zäh, zurückhaltend. Dafür haben Sie ein exzellentes Gedächtnis und lassen sich von geistigen Modeströmungen nicht beeinflussen. Sie fühlen sich verpflichtet, ein Philosoph zu sein und als moralische Autorität anerkannt zu werden. Sie können religiösen und philosophischen Ideen eine feste Form geben.

John Bell: Against 'measurement'. Physics World, August 1990, 33-40

DAVID BOHM (1917 (Pennsylvania) – 1992)

Nationalität: USA
Verdienst: Hat eine kausale, deterministische Quantenphysik geschaffen und damit Einsteins Programm realisiert.
Nobelpreis: nein
Formel: $U_{quant} = - (\hbar^2/2m)\ \Delta R/R$ ("Quantenpotenzial")
Bedeutung: Es gibt eine zusätzliche Kraftquelle, die entfernungsunabhängig und zeitlos alles miteinander in Beziehung bringt.
Zitat: *"Die Aufgabe der Physik besteht nicht nur darin, die statistische Häufigkeit in Gesamtheiten zu berechnen, sondern auch darin, Erklärungen und die Beschreibung individueller Prozesse zu liefern."*

Als David Bohm ein Lehrbuch der Quantenphysik schreiben wollte, musste er erkennen, wie wenig befriedigend die "orthodoxe" Deutung der Kopenhagener Schule die Dinge erklärt. Ermutigt durch Einsteins Suche nach einer deterministischen Quantentheorie entdeckte Bohm zwei Dinge, die schon lange vor ihm bekannt waren, von denen er aber zunächst nichts wusste:

Erstens hatte DE BROGLIE schon 1924 gezeigt, dass jedes Quantenobjekt aus einem Teilchen und zwei Wellen besteht, einer Begleit- und einer Führungswelle. Zweitens hatte ERWIN MADELUNG bereits 1926 die für alle Physiker vernünftige, ja verpflichtende Arbeit übernommen, die Schrödingergleichung in zwei Teile aufzuspalten: einen Real- und einen Imaginärteil. Bohm fing damit an und erhielt (a) eine Strömungsgleichung, und (b) eine Bewegungsgleichung mit einem Zusatzglied, dem berühmten **Quantenpotenzial**. Er interpretierte dieses als Führungswelle, während die Begleitwelle von de Broglie bei ihm nicht vorkam. Als dann der Zusammenhang mit den Überlegungen von de Broglie erkannt wurde, nannte man die Bohmsche Theorie "de Broglie-Bohmsche Quantenphysik" oder kürzer "kausale Quantenmechanik". Denn in ihr gibt es alles, was die Physiker bisher schätzten: stetig zu berechnende und zu messende Größen wie Ort und Geschwindigkeit eines Teilchens (Determinismus), die Abhängigkeit späterer Ereignisse von früheren (Kausalität), sowie die Auflösung aller Paradoxien und unverständlichen Erscheinungen der Quantenphysik. Bohm konnte den Doppelspaltversuch mit einzelnen Teilchen ebenso befriedigend erklären wie die seltsamen Vorgänge bei vertagten Entscheidungen (siehe die entsprechenden Kapitel). Zudem war die Mathematik einfach und gewohnt.

Und wie reagierte die Physikergemeinde darauf? Dankbar, dass nun der Kopenhagener Spuk beendet und die Paradoxien ad acta gelegt wurden? Mitnichten! Die etablierten Physiker reagierten auf Bohms Theorie äußerst heftig, irrational und grundlos emotional. Oder sie leugneten die Bohmsche Theorie wider besseres Wissen. Hier einige Beispiele:

- BOHR nannte Bohms Theorie "närrisch". Als der Physiker Ernest J. Sternglass Bohr besuchte und mit ihm die Bohmsche Theorie diskutieren wollte, wunderte er sich über die gefühlsmäßig heftige Reaktion seines Gastgebers:

Es war mir peinlich. Die Heftigkeit dieses ansonsten so sanften und freundlichen Mannes überraschte mich wirklich. Bohr erschien mir in diesem Augenblick wie ein fanatischer fundamentalistischer Priester, intensiv darum bemüht, meine Seele vor der Verderbnis zu retten.

- PAULI und HEISENBERG beschimpften Bohms Theorie als "metaphysisch" und "ideologisch". Ausgerechnet die beiden Anhänger und Propagatoren ihrer "Unschärfe" des eigenen Denkens, das sie auf die Natur projizierten! Sachliche Argumente gab es von ihrer Seite keine.

- RICHARD FENYMAN, bekannt durch seine grafische Veranschaulichung bestimmter Aspekte der Teilchenphysik, erzählte noch 20 Jahre nach Publikation der Bohmschen Theorie seinen Schülern voll wütender Ignoranz:

Wie funktioniert (der für die Quantenphysik wichtige) "Doppel-spaltversuch" wirklich? Niemand kennt irgendeinen Mechanis-mus. Niemand kann eine tiefere Erklärung dieses Phänomens an-bieten außer einer einfachen Beschreibung.

Dabei war genau dies Bohms großes Verdienst gewesen: Er hatte den uralten Konflikt zwischen Welle und Teilchen gelöst, den "Welle-Teilchen-Dualismus" entmystifiziert, auf physikalisch ein-sichtige und einfach erklärbare Weise.

- ROBERT OPPENHEIMER, Vater der Atombombe und Doktorvater Bohms, nannte die These seines ihm Anvertrauten *"jugendliches Abweichlertum"*, und er riet den anderen Physikern, die Theorie zu ignorieren (was diese auch ohne Oppenheimers guten Ratschlag taten). Schließlich

- ALBERT EINSTEIN, der jahrzehntelang genau für das gekämpft hatte, was Bohm nun lieferte: eine kausale, mythenfrei Quanten-physik. Einsteins Reaktion: *zu billig.*

Der einzige, der sich für ihn (vor Bell) einsetzte, war der anarchis-tische Philosoph PAUL FEYERABEND. Aber der meinte auch, es mache wissenschaftlich keinen Unterschied, ob man Physik oder Astrologie betreibe.

Nicht nur, dass Bohm ignoriert wurde, man vertrieb ihn auch noch aus seinem Heimatland. Sein Doktorvater Oppenheimer schwärzte ihn beim FBI als "linken Abweichler" an, und Bohm musste die USA verlassen. Er fand ein Domizil in Brasilien, dann in Israel, zuletzt in England. Seine mystischen Interessen brachten ihn in Kontakt (und später in Konflikt) mit dem indischen Religionsphi-losophen KRISHNAMURTI. Kurz vor seinem Tod erlebte Bohm eine gewisse Anerkennung, zumindest in seiner Wahlheimat Großbri-tannien.

Philosophie. Aus seinen Formeln entwickelte Bohm eine eigene, mystisch angehauchte Philosophie eines *holographischen Univer-sums*, in dem alles mit allem auf geheimnisvolle Weise - durch ein

Super-Quantenpotenzial - verbunden ist. Das ähnelt ein wenig den philosophischen Vorstellungen von Schrödinger, die dieser aber von seiner wissenschaftlichen Arbeit strikt trennte. Es ähnelt vor allem den Vorstellungen indischer Religionsphilosophen, eine Welt mit einheitlichem Bewusstsein:

Durch den Menschen erschafft das Universum einen Spiegel, in dem es sich selbst beobachten kann.

Besonders beeindruckt war Bohm von einem einfachen Experiment, das die BBC im Fernsehen zeigte: In den mit Glycerin gefüllten Zwischenraum zwischen zwei Zylindern wird Farbe getropft und gleichzeitig wird die gesamte Flüssigkeit durch Drehung eines Zylinders ins Glycerin verwirbelt:

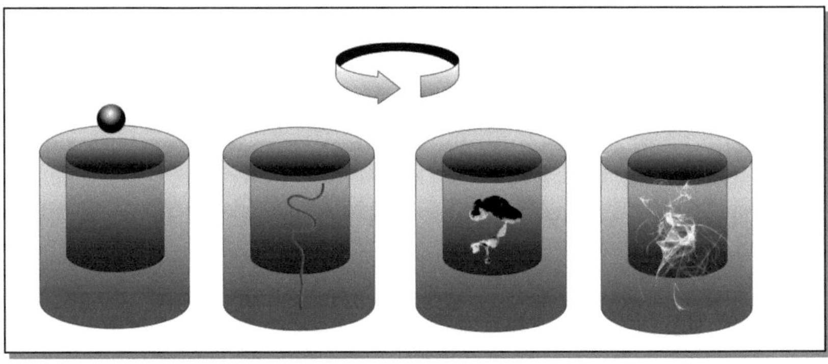

Der Farbtropfen wird verwirbelt

Am Ende hat sich die Tinte vollständig mit der Trägersubstanz vermischt. Nun kommt das Verblüffende: dreht man den Zylinder in umgekehrter Richtung, erscheint der Farbfaden wieder! Ein scheinbar irreversibler Prozess, die Mischung zweier Flüssigkeiten, wurde durch einfaches Wechseln der Drehrichtung rückgängig gemacht. Es war, als hätte man mit dem Kurbeln in die andere Richtung die Zeit umgekehrt.

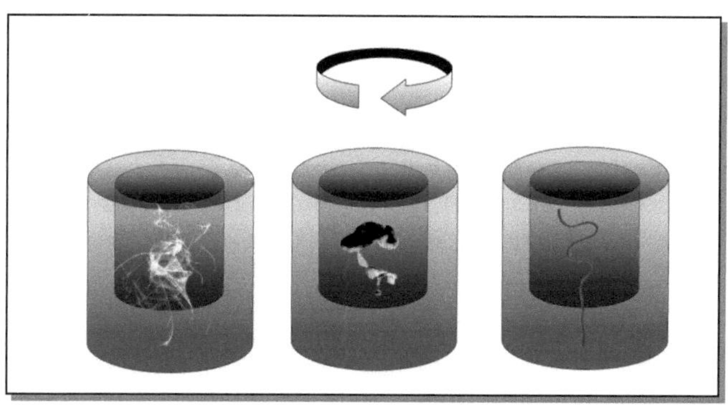

Durch Umkehr der Drehrichtung wird der Ursprungszustand wieder hergestellt

Auf Grund dieses Erlebnisses propagierte Bohm die Idee einer *eingefalteten* (unsichtbaren) und einer *ausgefalteten* (manifesten) Ordnung, vergleichbar einem Hologramm auf einer fotografischen Platte (das Bild ist eingefaltet = unsichtbar) und seiner Realisierung durch Bestrahlung mit geeignetem Licht (das Bild ist ausgefaltet = sichtbar). Bohm zieht daraus mannigfaltige philosophisch-religiöse Schlussfolgerungen, als da sind:

Es gibt einen universellen Fluss, der sich nicht explizit fassen, sondern nur implizit erkennen lässt, wie es die explizit fassbaren Formen und Bildungen andeuten - einige gleichbleibend, andere veränderlich -, die man von dem universellen Fluss abstrahieren kann. In diesem Fließen sind Geist und Materie keine voneinander getrennten Substanzen, sondern vielmehr Aspekte einer einzigen und bruchlosen Bewegung.

Hier illustriert er beinahe poetisch das Wechselspiel zwischen Begrenztem und Unbegrenztem, zwischen innen und außen, zwischen Ich und dem Rest der Welt:

Das Unbegrenzte muss das Begrenzte einschließen. Wir müssen sagen, dass das Begrenzte im Rahmen eines schöpferischen Prozesses aus dem Unbegrenzten hervorgeht.

So erklärt er das holographische Universum, wobei er im letzten Satz die "Handschlagwelt" von John Cramer andeutet:

Das ganze Universum ist in gewisser Weise in alles eingefaltet, und jedes Ding ist im Ganzen eingefaltet. Die ausgefaltete Ordnung dominiert unsere Alltagserfahrungen und die klassische Physik. Alle Dinge der ausgefalteten Ordnung ergeben sich aus der Holobewegung und fallen zuletzt wieder in sie hinein. Sie leben nur eine Weile, und während ihrer Existenz durchleben sie einen ständigen Prozess der Einfaltung und Ausfaltung. Eine ähnliche Art der Beschreibung passt auch auf das Bewusstsein mit seinem ständigen Fluss an aufflackernden Gedanken, Gefühlen, Wünschen, Begierden, Impulsen. Sie falten einander in gewissem Sinne ein, ein Gedanke liegt in einem anderen. Ein illustratives Beispiel für diese Einfaltung ist das Hören von Musik. Die gleichzeitige Gegenwart aller aufeinander bezogenen Schwingungen ist verantwortlich für das Gefühl einer Bewegung, eines Flusses, eine Kontinuität. Die hinaus wandernden Wellen entsprechen diesen Schwingungen, die hereinkommenden Wellen ihren Erwartungen.

Selbst die Zeit als Konstante löst sich auf, eine Idee, die auch schon KOZYREW hatte und die ich in meinem Buch über Zeitreisen ausführlich beschreibe:

Das "Superquantenpotenzial" bewirkt eine fundamentale Modifikation der Feldgleichungen, sodass diese nichtlinear nichtlokal werden. So könnte das Universum neuartige makroskopische Regelmäßigkeiten aufweisen, z.B. dass die Zeit ein Strom ist. Wegen der Möglichkeit von Kreisbildungen kann dieses Fließen gleichzeitig in zwei entgegengesetzte Richtungen verlaufen. Der Ursprung des Universums liegt unendlich weit in der eingefalteten Ordnung. Das Universum so zu sehen heißt, es "zeitlos" zu nennen.

Und schließlich spricht er auch noch die im Vakuum verborgene ungeheure Energie an ("Nullpunktenergie"):

Der anscheinend leere Raum enthält eine ungeheure "Nullpunktenergie". Die Materie ist eine relativ kleine Welle oder

Kräuselung auf diesem "Ozean" der Energie. Wir sehen diesen "Ozean" so wenig wie ein im Ozean schwimmender Fisch das Wasser sieht. Auf einem wirklichen Ozean treffen Wellen aus allen Richtungen manchmal zufällig an einem bestimmten Punkt zusammen und erzeugen eine plötzliche Woge von solcher Gewalt, die ein kleines Schiff zum Kentern bringen kann. Wir können annehmen, dass das Universum auf ähnliche Art entstand.

Das kosmische Bewusstsein erfasst alles Existierende, sodass selbst die kleinsten Bestandteile der Welt eine Art Bewusstsein haben müssen:

So scheint es, dass in gewissem Sinn eine rudimentäre geistähnliche Qualität selbst bei Elementarteilchen vorhanden ist, und wenn wir zu tieferen Ebenen hinabsteigen, wird diese Eigenschaft stärker und entwickelter. Man könnte die wesentliche Beziehung all dieser Teilchen als <u>Teilnahme</u> bezeichnen. Durch Ausfaltung nimmt jeder relativ autonome 'Geist' mehr oder minder am Ganzen teil, wobei Information gesammelt wird. So gibt es keine wirkliche Trennung zwischen Geist und Materie, zwischen Seele und Körper. Diese Teilnahme führt zu einem größeren kollektiven Bewusstsein, und vielleicht letztenendes zu einem umfassenden Geist, der grundsätzlich grenzenlos über die Beschränkungen der menschlichen Gattung als Ganzem hinausgehen kann.

Persönliches. Wie schon erwähnt, war Bohm eine eher tragische Gestalt, der lange Zeit jene Anerkennung verwehrt blieb, die ihm gebührt hätte. Er wurde aus seinem Heimatland vertrieben, streifte ruhelos durch die Welt und sehnte sich so nach der Einheit mit etwas Höherem, dass er sogar auf den indischen Religionsphilosophen Jiddu Krishnamurti hereinfiel. Mit ihm zusammen gründete er Schulen und war später schwer enttäuscht, als er den wahren Charakter des selbsternannten Weltenheilers erkannte. Da waren ihm andere voraus. Der österreichische esoterische Schriftsteller Gustav Meyrink nannte ihn einen "Hochstapler der Mystik". Zu seinen Schülern war er hart, und sein Biograph schrieb: Krishnamurti fehlt normales menschliches Mitgefühl und

Freundlichkeit. Er ist anderen gegenüber intolerant und verachtungsvoll aufgetreten. Eine seiner Anhängerinnen beschreibt Sitzungen mit dem Meister als "gezieltes Verringern des eigenen Selbstvertrauens". Und ausgerechnet diesem Menschen schloss sich der melancholische und sich minderwertig fühlende Physiker an!

Der Astro-Computer sagt über ihn:

Manchmal sieht es so aus, als lebten Sie in den Wolken. Sie sind sehr fantasievoll, doch Ihre Einbildungskraft kann Sie aus der Wirklichkeit davontragen. So verwechseln Sie Ihre Träume mit der Realität. Ihre Anpassungsfähigkeit und Sensibilität ermöglichen Ihnen ein Überleben in jeder Umgebung. Dennoch bringt Ihnen das auch Nachteile: Sie haben Schwierigkeiten mit den harten Fakten des Lebens. Lieber fliegen Sie auf und davon.

Gefühlsmäßig sind Sie sehr verwundbar, und so verstecken Sie sich, indem Sie die Züge der Menschen Ihrer Umgebung annehmen. Ihre hohen Ideale sind bewundernswert, aber Ängstlichkeit und Faulheit hindern Sie an deren Umsetzung. Dabei würde bei Ihnen ein minimaler Aufwand genügen, um etwas zu erreichen. Als ewiger Optimist sind Sie davon überzeugt, dass Gegenwart und Zukunft einfach sonnig sein müssen. Bricht die Wirklichkeit in Ihre Träume ein, dann neigen Sie zur Selbsttäuschung auf zweierlei Art: Sie geben sich mit falschen Versprechungen zufrieden, und Sie klinken Probleme aus Ihrem Leben einfach aus.

Ihr Verstand ist nüchtern, praktisch, methodisch, vorsichtig, konservativ, organisatorisch, mathematisch, gründlich. Ihr Organisationsvermögen, gepaart mit Ehrgeiz und weitblickender Gründlichkeit, sichert Ihnen den Erfolg in geschäftlichen Dingen, aber auch bei der Planung Ihrer Karriere im Rahmen einer großen Institution. Prüfungen und Diplome sind wichtig für Sie, und Sie können sie auch erreichen. Das Ziel verlieren Sie nicht aus dem Auge, vor allem, wenn es ein praktisches Ziel ist.

→ Wie Bohm zu seinen Trajektorien kam

RICHARD FEYNMAN (1918 (New York) – 1988)

Nationalität: USA

Verdienst: Hat zusammen mit seinen Mit-Nobelpreisträgern die
"Quanten-Elektrodynamik" (QED) begründet. Hat durch die Erfindung der nach ihm benannten Diagramme sowie der "Pfadintegralmethode" die Berechnung subatomarer Prozesse veranschaulicht und vereinfacht.

Nobelpreis: 1965 (mit Schwinger und Tomonaga) "für ihre fundamentale Leistung in der Quantenelektrodynamik, mit tiefgehenden Konsequenzen für die Elementarteilchenphysik"

Formel:

$$\mathcal{L}_{\mathrm{QED}} = \sum_n \bar{\psi}_n (i\gamma^\mu \partial_\mu - m_n)\psi_n - \frac{1}{4}F_{\mu\nu}F^{\mu\nu} - \sum_n q_n \bar{\psi}_n \gamma^\mu A_\mu \psi_n.$$

oder grafisch:

Bedeutung: Die Formel definiert die Langrangedichte subatomarer Teilchen. Das Diagramm ist ein "Feynman-Diagramm" zur
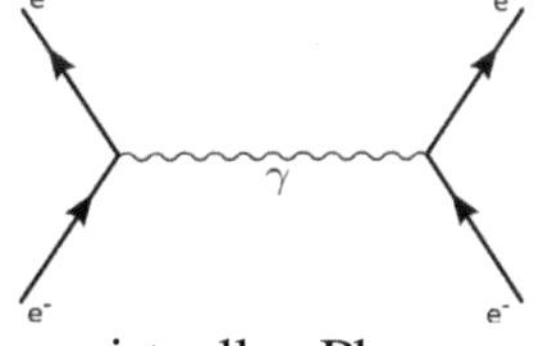

Elektron-Elektron-Streuung durch Austausch eines virtuellen Photons (Zeitachse von unten nach oben)

Zitat: " *Halt's Maul und rechne*" (auf die Frage eines Studenten,
was das alles zu bedeuten habe)

Neben Einstein und von Neumann ist Feynman wohl der einzige
physikalisch-mathematische Popstar, wobei er zu diesem Status
selbst zügig beigetragen hat. Schon die Titel seiner Bücher verweisen auf einen originellen Charakter ("Sie belieben zu scherzen,
Herr Feynman!"). Dort gibt es auch ein Autorenfoto mit ihm an
der Trommel. Seine lockere Art fand Anklang bei Studenten, bei
Kollegen, bei den Medien. Feynman praktizierte zeitlebens einen
intuitiven und anschaulichen Zugang zur Physik. Bei abgehobenen
und zu abstrakten Diskussionen wurde er schnell ungeduldig.
Viele seiner Beiträge zur Physik übermittelte er nur mündlich in
Diskussionen an Kollegen, die seine Vorlesungen erst viel später

publizierten. In dieser Hinsicht ähnelte er seinem Kollegen Wolfgang Pauli, dessen Motto bekanntlich lautete: "Ich kann es mir leisten, nicht zitiert zu werden".

Die Mythenbildung indes bezog sich nicht nur auf seine Person. Er schaffte, was vorher nur den Anhängern der Einstein-Theorien gelungen war: Er behauptete, die von ihm entwickelte Theorie sei die genaueste der Welt. Und das steht heute noch in allen Lehrbüchern.

Was aber hat Feynman denn (zusammen mit Vorgängern und Mitwirkenden) geschaffen? Es geht, wie gesagt, um eine Disziplin namens *Quantenelektrodynamik*, abgekürzt QED. Nicht ganz zufällig wird diese Abkürzung auch an das Ende eines mathematischen Beweises gesetzt, denn "q.e.d" bedeutet: *quod erat demonstrandum*, "was zu beweisen war". Dieser Abschluss einer mathematischen Abhandlung suggeriert: Ich hab's geschafft, alles ist gut, jetzt könnt ihr mir glauben.

Und zwar? Laut Wikipedia beschreibt die QED

... alle Phänomene, die von geladenen Punktteilchen, wie Elektronen oder Positronen, und von Photonen verursacht werden.

Und damit fängt die Misere an. Denn, wie's oben steht: Es geht um *Punkt*teilchen, weil die Physiker annehmen, dass diese Teilchen punktförmig sind, also keinerlei räumliche Ausdehnung besitzen. Da die QED also annimmt, Elektronen seien struktur- und ausdehnungslose Teilchen, wird das elektrische Feld des Elektrons auf seiner - nicht vorhandenen - Oberfläche natürlich unendlich, denn $x/0 = \infty$, egal, wie groß oder wie klein x ist (x = Größe des Felds, 0 = Oberfläche des Elektrons, ∞ = daraus resultierende Felddichte, das ist die Feldstärke pro Fläche).

Um diesen Unendlichkeiten zu entgehen, haben sich die Physiker, insbesondere Richard Feynman, eine Methode ausgedacht, die jedem Schuljungen ein "ungenügend" einbringen würde: Sie subtrahieren nochmals unendlich, in der vagen Hoffnung, die Sache sei damit in Ordnung.

Wie jeder weiß, der in der Schule über Unendlichkeiten lernt, ergibt $\infty - \infty$ keineswegs 0, nicht einmal eine endliche Zahl, aber auch nicht ∞. Dieser mathematische Ausdruck ist schlicht und einfach unbestimmt, d.h. mathematisch verboten. Doch was einem Schuljungen aus vernünftigen Gründen untersagt wird, dürfen sich die Nobelpreisträger Schwinger, Tomonaga und Feynman erlauben. Und das Ganze heißt dann nicht etwa "falsche Mathematik", sondern **Renormierung**.

Aber, ist die Sache denn nicht in Ordnung? Was sagen denn andere dazu? Hier die Meinung des großen Theoretikers der Quantenphysik, welcher Klassik und Moderne verband:

Ich bin sehr unzufrieden mit der Situation, denn diese angeblich 'gute' Theorie ignoriert in ganz willkürlicher Weise Unendlichkeiten, die in ihren Gleichungen auftreten. Vernünftige Mathematik vernachlässigt Größen, wenn sie klein sind, aber nicht, weil sie unendlich sind und du sie nicht magst. P.A.M. Dirac

Der Schöpfer der Methode selbst schwankte in der Beurteilung seines eigenen Geisteskindes. Bei der Vorstellung auf der "Pocono Konferenz" im März und April 1948, entwickelte sich folgender Dialog mit einem Fragesteller:

Feynman: Meine Formel produzieren alle Ergebnisse der Quanten-Elektrodynamik.
- *Woher kommen die Formeln?*
Feynman: Spielt keine Rolle.
- *Woher wissen Sie, dass die Formel richtig ist?*
Feynman: Weil sie funktioniert.

1951 äußerte er sich in einem Brief an Fermi über seine Diagramme eher skeptisch: *"Glauben Sie keiner Berechnung in der Mesonentheorie, die mit Hilfe meiner Diagramme durchgeführt wurde."* 1958 dagegen war er voll des Lobes über sich selbst: *"In der Theorie der Quanten-Elektrodynamik haben wir keinerlei Fehler gefunden. Deswegen ist sie ein Juwel der Physik und unser stolzester Besitz."* 1985 scheint er dann resigniert zu haben: *"Renormierung ist mathematisch nicht legitim."*

Selbstbewusst war er, wie auch der Computer feststellt:

Ihr Lebensmotto: stark (und stur) wie der Felsen von Gibraltar

Sie werden geachtet, weil Sie Achtung vor sich selbst haben. Sie sind ruhig und unauffällig und reden wenig. Das ist auch nicht nötig, denn Ihre Gegenwart allein gebietet Respekt. Sie sind der geborene Skeptiker und nehmen nichts für gegeben. Nur eins bezweifeln Sie nie: Ihre eigenen Fähigkeiten. Geduld, Vertrauen und Entschlossenheit garantieren Ihren Erfolg

Wie alle Menschen mit Selbstvertrauen sind Sie auch ehrgeizig. Einmal an der Arbeit hören Sie erst auf, wenn Sie das Stadium der Perfektion erreicht haben. An alle Aufgaben gehen Sie ruhig und geduldig heran; Schwierigkeiten oder Rückfälle können Ihnen nichts anhaben.

Sie besitzen viel gesunden Menschenverstand, und Sie kommen immer zu einer praktischen und effizienten Lösung. Die Unordnung im Leben anderer Menschen ist Ihnen unbegreiflich. Das führt bisweilen zu Intoleranz. Eine gewisse Starrheit der Anschauungen kann zu Vorurteilen und Pedanterie führen.

Der wirkliche Skandal der Feynmanschen Mythenbildung ist die, in allen diesbezüglichen Publikationen reproduzierte, Behauptung: QED ist die genaueste Theorie innerhalb der Physik. Die Behauptung stützt sich nur auf eine einzige Größe, das "anomale magnetische Moment des Elektrons", auch Landé-Faktor genannt. Diese Größe stimmt laut Wikipedia auf 11 Dezimalstellen mit dem experimentell bestimmten Wert überein. So der Mythos.

Der Physiker OLIVER CONSA von der "Universitat Politecnica de Catalunya", Departament de Física, Enginyeria Nuclear, hat sich alle Publikationen zu dem Thema genauer angeschaut. Er kam in seinem Beitrag ("Something is rotten in the state of QED", 2020) zu einem vernichtenden Urteil, das er minutiös durch Zitate und eigene Berechnungen stützt:

Eine Untersuchung der QED-Geschichte offenbart, dass der Wert [des anomalen magnetischen Elektronen-Moments] erhalten wurde durch ungesetzliche mathematische Fallen, Manipulationen und Tricks. ... Kroll und Karplus gaben sogar zu, dass sie bei der Präsentation der für die QED wichtigsten Berechnungen gelogen haben ... Dieser Skandal wiederholt nur, was von Anfang an innerhalb der QED geschehen ist.

Und beschließt seine Untersuchung mit den Worten:

QED ist eine Ansammlung von Schmutzeffekten [die Fehler sind größer als die Messwerte], Numerologie, ignorierten Unendlichkeiten, ungültiger Mathematik, unverständlicher Theorien, versteckter Daten, voreingenommener Versuche, falscher Berechnungen, verdächtiger Übereinstimmungen, von Lügen, willkürlichen Ersetzungen unendlicher Werte [durch endliche] und von 600 Millionen Dollar, um das Spiel weiter treiben zu können.

Merke: *"Wir müssen unbedingt Raum für Zweifel lassen, sonst gibt es keinen Fortschritt, kein Dazulernen. Man kann nichts Neues herausfinden, wenn man nicht vorher eine Frage stellt. Und um zu fragen, bedarf es des Zweifelns."* Richard P. Feynman

Die Ideen der Schöpfer

Das Taubenschlag-Prinzip

Die Analyse von Tauben und ihren Verschlägen brachte der klassischen und der Quantenphysik erstaunliche Erkenntnisse. Wie viele Möglichkeiten gibt es, dass sich Tauben in den Verschlägen niederlassen?

Das Taubenschlagprinzip (im Deutschen auch dröge "Schubfachprinzip" genannt) ist eines der einfachsten und großartigsten Prinzipien der Mathematik, das den Physikern seit Boltzmann erstaunliche Erkenntnisse gebracht hat. Im einfachsten (konkreten) Fall sieht es so aus: Zehn Tauben kommen abends zurück und wollen in ihre Verschläge. Gibt es 11 Verschläge, besagt das Taubenschlagprinzip, dass mindestens ein Verschlag leer bleibt. Gibt es 9 Verschläge, besagt das Taubenschlagprinzip, dass mindestens ein Verschlag mindestens doppelt belegt ist. So trivial die Sache klingt, sie muss (a) erst bewiesen werden, führt dann aber (b) zu verblüffenden Erkenntnissen in Mathematik und Physik.

Nun gibt es noch zwei Bedingungen, die zu beachten sind. Erstens ist wichtig: Kann man die Tauben unterscheiden, d.h., sind sie

Individuen (wie die beiden unterschiedlich gefärbten Vögel im oberen
Bild)? Oder sind alle Tauben grau? Und zweitens: Wieviele Tauben
haben in einem Verschlag Platz? Höchstens eine oder beliebig viele?

Übersetzen wir die anschaulichen Begriffe des Alltags in die abstrakten Konzepte der Mathematik, dann gilt: Tauben = Kugeln, Verschläge = Urnen, in denen die Kugeln Platz finden. Die Frage des er-
weiterten Taubenschlagprinzips lautet: Auf wieviele Arten kann man
k Kugeln in n Urnen verteilen? Kommt es auf die Reihenfolge an (unterscheidbare Kugeln) oder nicht? Können in einer Urne mehrere Kugeln zu liegen kommen ("mit Wiederholung") oder höchstens eine
("ohne Wiederholung")? Die Wissenschaft, die sich damit beschäftigt,
heißt **Kombinatorik**. Sie ist eine Vorstufe der Wahrscheinlichkeitsrechnung.

Übersetzen wir die anschaulichen Begriffe des Alltags in die immer
noch anschaulichen Konzepte der Physik, dann gilt: Tauben = Teilchen (z.B. Gasmoleküle, Lichtteilchen, Elektronen), Verschläge =
Energiezustände (Energiezellen). Dabei hat die erste Zelle den Energieinhalt 1, die zweite den Energieinhalt 2, usw. Das haben wir im
obigen Bild durch eine unterschiedliche Anzahl von Maiskolben angedeutet, denn Maiskörner sind synonym für "Energie", jedenfalls bei
Tauben. Die Fragestellung lautet also: Wieviele Energiezustände können die Teilchen eines Systems annehmen, und wie sind diese verteilt?

Damit wir nicht zu abstrakt werden, nehmen wir ein einfaches Beispiel: 2 Tauben (= Teilchen) werden auf 3 Verschläge (= Energiezellen) verteilt. Wieviele Möglichkeiten gibt es, wenn

(a) die Teilchen unterscheidbar sind und eine Energiezelle beliebig
viele Teilchen aufnehmen kann;
(b) die Teilchen ununterscheidbar sind und eine Energiezelle beliebig
viele Teilchen aufnehmen kann;
(c) die Teilchen ununterscheidbar sind und eine Energiezelle nur ein
Teilchen aufnehmen kann? Und was bedeutet das alles?
Fall (a) sieht so aus:

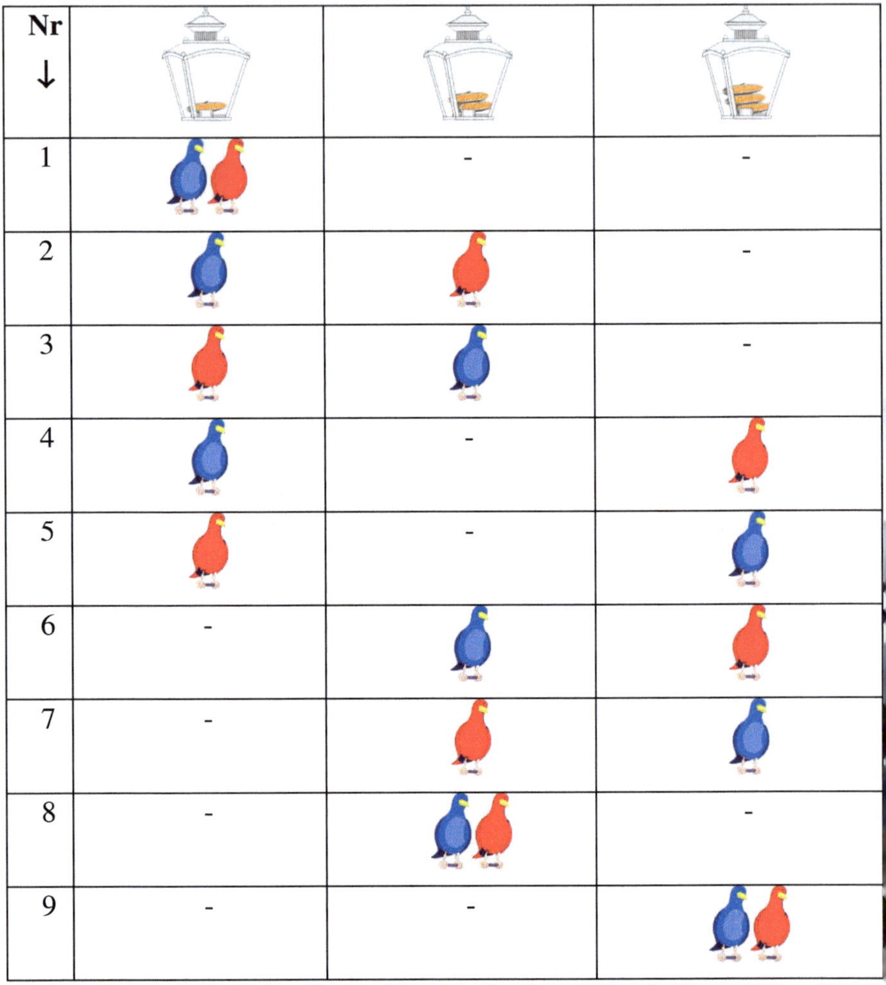

Nr ↓			
1	blau, rot	-	-
2	blau	rot	-
3	rot	blau	-
4	blau	-	rot
5	rot	-	blau
6	-	blau	rot
7	-	rot	blau
8	-	blau, rot	-
9	-	-	blau, rot

Verteilung von 2 Tauben (= Teilchen) auf 3 Verschläge (= Energiezu-stände). Die Teilchen sind unterscheidbar (rot - blau), jede Zelle kann beliebig viele Teilchen aufnehmen. Insgesamt gibt es $3^2 = 9$ Möglichkeiten.

Dieser Fall betrifft die klassische Physik und handelt von den Molekülen in einem Gas. Im Prinzip kann man jedes Molekül irgendwie markieren und seinen Weg verfolgen - im Prinzip! Weil das praktisch unmöglich ist, ersannen die Theoretiker MAXWELL und BOLTZMANN unabhängig voneinander die Methode der Einteilung des Energiezustands eines Gases in verschiedene mögliche "diskrete" (voneinander unterscheidbare) Energiezustände, weshalb diese Art der Verteilung von Energien in einem Gas **Maxwell-Boltzmann-Verteilung** heißt. Jedes Teilchen kann jeden Zustand einnehmen, die Einteilung der Energie in einzelne Zellen (Vorstufe der Quanten!) war ein rein mathematischer, aber sehr nützlicher Trick.

Summiert man die Energien (= Maiskolben) jedes Zustands (= Verschlags), multipliziert mit der Anzahl der Teilchen (= Tauben) in diesem Zustand, dann erhält man folgende Tabelle:

Nr	Energie
1	2
2	3
3	3
4	4
5	4
6	5
7	5
8	4
9	6

Man sieht, der Energiezustand "4" tritt am häufigsten auf, die extremen Energiezustände "1" und "6" am seltensten. Operiert man mit sehr hohen Zahlen (und es gibt in einem Gas sehr viele Moleküle und noch mehr Energiezustände!), kann man bestimmte Vereinfachungen mathematischer Natur vornehmen und kommt dadurch zu stetigen Funktionen, die heute die Grundlage der statistischen Thermodynamik bilden und aus denen erstaunliche Eigenschaften von Gasen abgeleitet (berechnet) werden können - allein auf Grund der Kombinatorik!

In der Quantenphysik werden die Teilchen ununterscheidbar, alle Tauben sind grau. Die Zustände 1 und 3 sind identisch (nicht mehr unterscheidbar), die Zustände 4 und 5 ebenso wie die Zustände 6 und 7. Die Verteilung solcher Teilchen - z.B. Lichtteilchen - heißt nach ihren Entdeckern **Bose-Einstein-Verteilung**. Sie ist wichtig für Zustände nahe dem absoluten Nullpunkt ("Bose-Einstein-Kondensation"). Macht man auch noch die Einschränkung, dass nur 1 Teilchen pro Energiezustand Platz hat (wegen des Paulischen Ausschließungsprinzips), was beispielsweise für Elektronen gilt und was als Grundlage der Stabilität unserer Welt angesehen wird, dann kommt man zur **Fermi-Dirac-Verteilung** mit nur drei Zuständen, denn die Zustände 1, 8 und 9 sind jetzt verboten. Und zu diesen Erkenntnissen gelangten die Physiker allein durch das Legen von Kugeln in Urnen!

Für diejenigen mit starken Herzen (oder ebensolchen Mathematik-Kenntnissen), hier die Formeln: Wir legen k Kugeln (Teilchen) in n Urnen (Energiezustände).

Für die Maxwell-Boltzmann-Verteilung gilt die *Variation mit Wiederholung*, also $\mathbf{n^k}$, das ist eine Kombination mit anschließender Permutation.

Für die Bose-Einstein-Verteilung gilt die

Kombination mit Wiederholung, also $\binom{n+k-1}{k}$.

Für die Fermi-Dirac-Verteilung gilt die

Kombination ohne Wiederholung, also $\binom{n}{k}$.

Die Planckschen Strahlungsgesetze

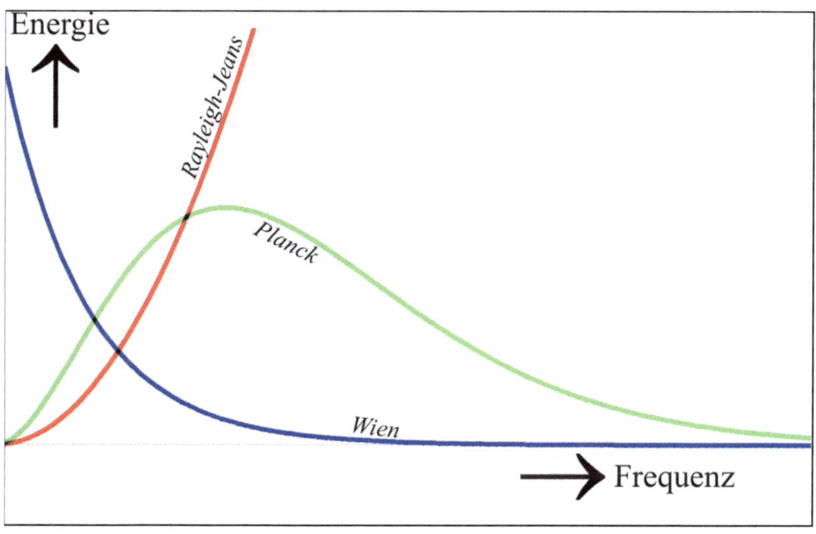

Energieverteilung in Abhängigkeit von der Frequenz. Bei Wien gibt es links eine "Infrarot-Katastrophe", bei Rayleigh-Jeans rechts eine "Ultraviolett-Katastrophe". Nur die Kurve von Planck ist korrekt.

Planck musste eine Art funktionalen Mittelwert zwischen zwei völlig unterschiedlichen Formeln finden. Die beiden bisher gefundenen Gesetze waren:

WILLY WIEN fand 1894 die Temperaturabhängigkeit der Strahlungsfrequenz durch thermodynamische Überlegungen und Analogien zur Maxwell-Boltzmann-Verteilung. Sein Gesetz

$$E = \frac{2h\nu^3}{c^2} \cdot \frac{1}{e^{h\nu/kT}}$$

gilt aber nur für hohe Frequenzen (Licht, Röntgenstrahlen), wo Licht eher Teilchencharakter besitzt. Außerdem verwendete er noch nicht die Konstante "h", denn die fand und benannte erst Planck.

John William Strutt alias Baron RAYLEIGH und JAMES JEANS fanden 1900 durch ganz klassische Überlegungen (Wellencharakter des Lichts, keine Quanten) eine andere Formel für die Energieverteilung in Abhängigkeit von Frequenz und Temperatur. Das Gesetz

$$E = \frac{2kv^2T}{c^2}$$

gilt aber nur für niedere Frequenzen (Radiowellen), wo Licht eher Wellencharakter besitzt. Paul Ehrenfest erkannte, dass dieses Gesetz für höhere Frequenzen zur "Ultraviolett-Katastrophe" führt, da die Energie nach oben hin nicht begrenzt ist.

Wie aber soll eine Formel aussehen, die zwischen beiden liegt und für alle Frequenzen die richtige Verteilung liefert? Das Problem schien hoffnungslos, und so besann sich Planck auf eine physikalische Größe, mit der sich sein Lehrer sein ganzes Leben lang auseinandergesetzt hatte und über die auch Planck bestens Bescheid wusste: die *Entropie*. Und hatte dabei nicht nur Erfolg, sondern - vor allem - auch einen immensen persönlichen Vorteil, den er selbst so beschrieb:

Bei der eingehenden Beschäftigung mit diesem Problem fügte es das Schicksal, dass ein früher von mir unliebsam empfundener äußerer Zustand: der Mangel an Interesse der Fachgenossen für die von mir eingeschlagene Forschungsrichtung, jetzt gerade umgekehrt meiner Arbeit als eine gewisse Erleichterung zugute kam. Damals hatte sich nämlich eine ganze Anzahl hervorragender Physiker sowohl von der experimentellen als auch von der theoretischen Seite her dem Problem der Energieverteilung im Normalspektrum zugewandt. Aber alle suchten nur in der Richtung, die Strahlungsintensität K als Funktion der Temperatur T darzustellen, während ich in der Abhängigkeit der Entropie S von der Energie U den tieferen Zusammenhang vermutete. Da die Bedeutung des Entropiebegriffs damals noch nicht die ihr zukommende Würdigung gefunden hatte, so kümmerte sich niemand um die von mir benutzte Methode, und ich konnte in aller Muße und Gründlichkeit meine Berechnungen anstellen, ohne von irgendeiner Seite eine Störung oder Überholung befürchten zu müssen.

So übersetzte Planck die Strahlungsformeln in Abhängigkeiten der Entropie (S) von der Energie (E). Die Beziehung zwischen S und E geht über die Temperatur:

$$dS = \frac{dE}{T} \quad \text{oder} \quad \frac{dS}{dE} = \frac{1}{T}$$

Weil ihm Gleichgewichtszustände wichtig waren, stellte er eine Gleichung für die *zweite* Ableitung der Entropie nach der Energie auf, denn wenn diese negativ ist, heißt dies, dass der (für die Ableitung der Formeln wichtige) Gleichgewichtszustand allmählich erreicht und dann auch behalten wird. So kam er zu folgenden Ergebnissen:

$$\frac{d^2S}{dE^2} \sim \frac{1}{E} \quad \text{(Wien)} \qquad \frac{d^2S}{dE^2} \sim \frac{1}{E^2} \quad \text{(Rayleigh-Jeans)}$$

("~" bedeutet: ist proportional). Die Wiensche Formel muss man logarithmieren, dann steht $1/T$ unten, und man kann diesen Ausdruck durch dS/dE ersetzen und noch einmal differenzieren. Bei der Rayleigh-Jeans-Formel muss man nur den Reziprokwert bilden, dann hat man $1/T$, was wieder, wie beschrieben, durch dS/dE ersetzt werden kann.

Jetzt war es leicht, eine Interpolationsformel zu finden, die für hohe Energien (große Werte von $1/E$, also kleine Werte von E) in die Wiensche Formel übergeht, für niedrige Energien (große E) in die von Rayleigh-Jeans. Seine Formel:

$$\frac{d^2S}{dE^2} \sim \frac{1}{E(E+a)} \qquad \text{(Planck)}$$

Der Nenner lautet E^2+aE. Für große E überwiegt E^2, und man kann E vernachlässigen. So erhält man die Formel von Rayleigh-Jeans. Für kleine E wird E^2 noch kleiner und man kann es vernachlässigen. Also bleibt aE übrig, und man kommt zu der Formel von Wien. Durch Rück-Übersetzung seiner Entropiegleichung, also durch zweimalige Integration, gelangte Planck zu der nach ihm benannten und für alle Frequenzen gültigen Strahlungsformel

$$E = \frac{2h\nu^3}{c^2} \cdot \frac{1}{e^{h\nu/kT} - 1}$$

wobei natürlich noch die Konstante a und eine Integrationskonstante durch weitere Überlegungen bestimmt werden muss.

Plancks Genialität bestand also in einer Übersetzung von einem physikalischen Bereich in einen anderen, wodurch Zusammenhänge und Ähnlichkeiten überhaupt erst sichtbar wurden.

Hier das Ganze grafisch für die Entropien. Man sieht deutlich die Ähnlichkeit der Entropie-Kurven, wodurch eine Zwischenwertbildung erst möglich wurde. Die Kurven für die Abhängigkeit von Frequenz zu Energie - und vor allen die entsprechenden Formeln - sind dagegen voneinander so verschieden, dass jede Interpolation praktisch unmöglich wird.

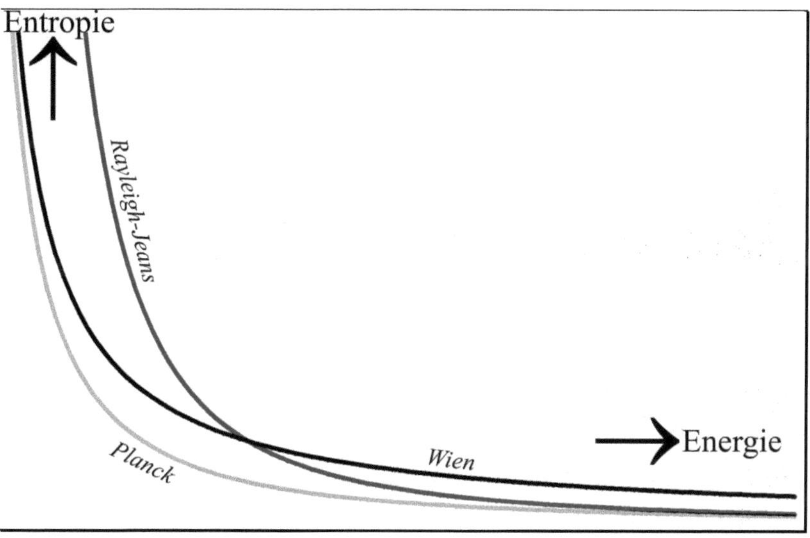

Abhängigkeit der (zweiten Ableitung der) Entropie von der Energie. Die Plancksche Kurve geht in die Wiensche Kurve bei niedrigen Energien über, in die Rayleigh-Jeans-Kurve bei hohen Energien.

Der Doppelspalt-Versuch

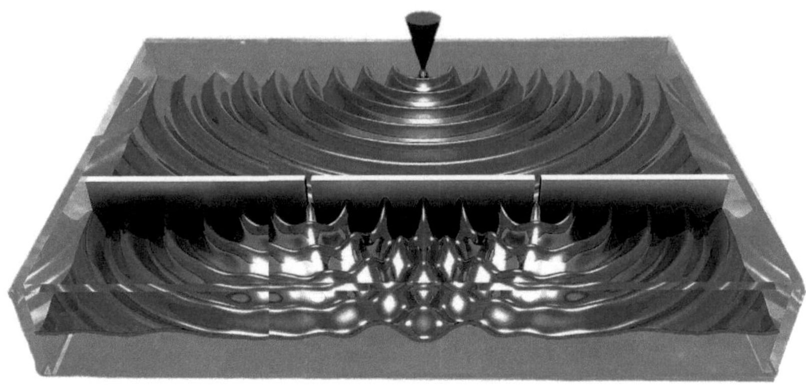

Der Physik-Nobelpreisträger RICHARD FEYNMAN sagte vom Doppelspaltversuch:

Das Doppelspaltexperiment enthält das ganze Geheimnis der Quantenmechanik. Sämtliche Paradoxe, Geheimnisse und Absonderlichkeiten der Natur sind darin enthalten. Bei jeder x-beliebigen anderen Situation in der Quantenmechanik genügt dann der Hinweis: Sie erinnern sich an das Experiment mit den zwei Löchern.

Dann müssen wir uns wohl damit beschäftigen.

Der vielseitige englische Gelehrte THOMAS YOUNG führte ihn 1802 zum ersten Mal durch, um zu beweisen, dass Licht eine Wellenerscheinung ist. 1927 gelang CLINTON DAVISSON und LESTER GERMER eine wichtige Erweiterung: Sie konnten zeigen, dass auch Teilchen (Elektronen) am Doppelspalt Welleneigenschaften offenbaren. Im September 2002 wurde es in einer Umfrage der Zeitschrift *Physics World* zum schönsten physikalischen Experiment gewählt. Und so sieht die Sache aus:

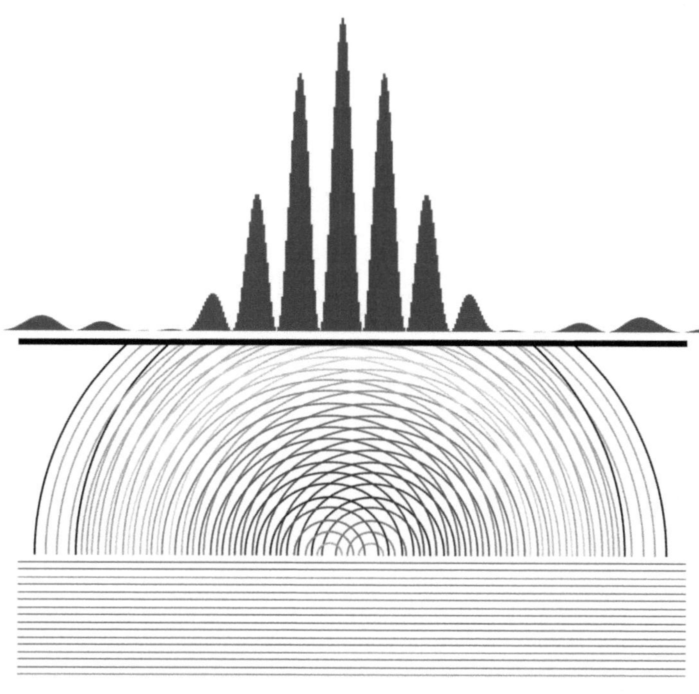

Interferenzen am Doppelspalt

Von unten kommt eine ebene Welle (ein Bündel dazu senkrechter, in sich paralleler Lichtstrahlen). Sie treffen auf eine Wand mit zwei Spalten. Nach dem Huygensschen Prinzip entsteht an jeder der beiden Spalte eine neue Kugelwelle. Die beiden Kugelwellen sind räumlich gegeneinander verschoben, was heißt, dass es zwischen den einzelnen Wellenzügen Phasenunterschiede gibt, die Maxima und Minima der Wellenzüge also zeitlich nicht mehr übereinstimmen. Deswegen kommt es infolge der Wellenüberlagerung zu **Interferenzen**: An bestimmten Stellen verstärken die Wellenzüge einander, an anderen Stellen löschen sie einander aus. In einer gewissen Entfernung des Doppelspalts (im Bild also oben) liegt ein Schirm, auf dem die Interferenzmuster sichtbar werden (früher: eine fotografische Platte). Ein Beispiel dafür haben wir an dieser Stelle eingezeichnet.

Deckt man einen Spalt ab, entsteht ein **Beugungsmuster.** Das ist einfacher als die Wellenüberlagerung, aber wegen der Bahnablenkung der Teilchen am Spalt gibt es eine gewisse Streuung, sodass nicht alle Teilchen direkt hinter dem Spalt landen:

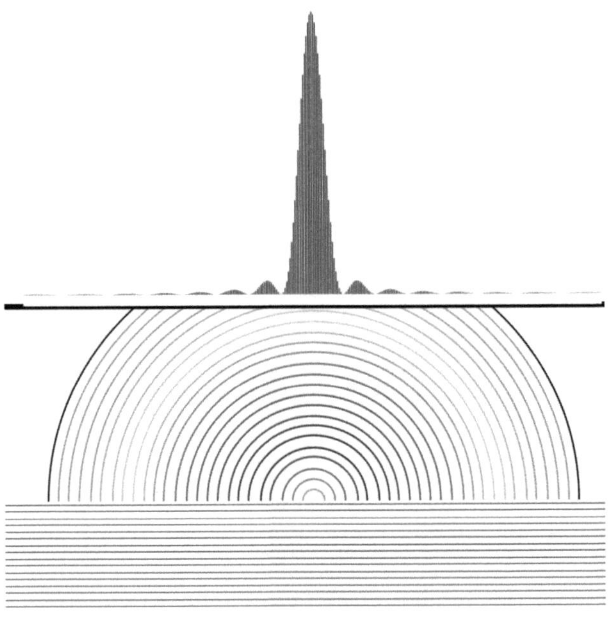

Beugung am Einzelspalt

Soweit ist alles klassisch. Immerhin wurde der Versuch lange vor Einführung von Quantenkonzepten durchgeführt. Weniger verständlich wird die Sache, wenn man erfährt, dass der Versuch genauso mit Teilchen funktioniert. Auch ein Strom von Elektronen oder Neutronen führt beim Doppelspalt zu Interferenzmustern, ganz nach den Vorstellungen und Formeln von Louis de Broglie. Vollends unverständlich indes wird die

Sache, wenn man *einzelne* Teilchen (Elektronen oder auch Fotonen) durch die Apparatur schickt. Denn auch Einzelteilchen ergeben, statistisch gesehen, Interferenzmuster!

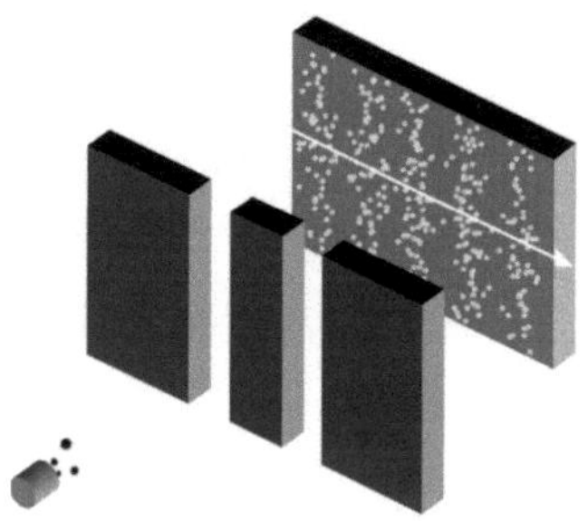

Schickt man einzelne Teilchen, jeweils ein Teilchen pro 'Schuss', durch den Doppelspalt, ergeben sich am Schirm die gleichen Muster wie beim Durchgang von Wellen. Aber woher 'wissen' die Einzelteilchen, dass beide Spalte offen sind? Und wie kommt es dabei zu einer Überlagerung?

Wie erklären sich die Quantenphysiker dieses seltsame Verhalten? Das kommt auf die Interpretation der psi-Funktion an, also auf die Weltanschauung des Quantenphysikers. Da es im Augenblick unzählige derartige Interpretationen gibt, beschränke ich mich auf drei davon. Wundern Sie sich nicht über die sehr menschliche Sprache! Fangen wir an.

In der **Kopenhagener Deutung** (auch **orthodoxe Quantenphysik** genannt) (Bohr, Heisenberg u.a.) schaut ein Teilchen nach, ob ein oder zwei Löcher vorhanden sind. Im zweiten Fall verwandelt es sich in eine Welle, interferiert mit sich selbst, verwandelt sich anschließend wieder in ein Teilchen und schwärzt die Fotoplatte. Bei nur einem Spalt entfällt diese Verwandlung.

In der **Viele-Welten-Theorie** (Everett, de Witt, Deutsch) helfen die Teilchen in Parallelwelten ("*Schattenteilchen*") einander beim Durchgang durch die Spalten. Sie informieren sich sozusagen gegenseitig über das Vorhandensein der Anzahl der Öffnungen.

In der **Führungswellentheorie** (de Broglie, Bohm) entsteht durch die Führungswelle in der Mitte der beiden Öffnungen eine Art Barriere, sodass Teilchen von einem Spalt das Revier des anderen Spalts nicht betreten können. Teilchen folgen also genau festgeschriebenen "Trajektorien" (Bahnen), die durch die modifizierte (zweigeteilte) Schrödingergleichung berechnet werden können.

Wie das aussieht, haben Bohm und Mitarbeiter berechnet. Die Barriere (das "Quantenpotenzial") kann grafisch so dargestellt werden:

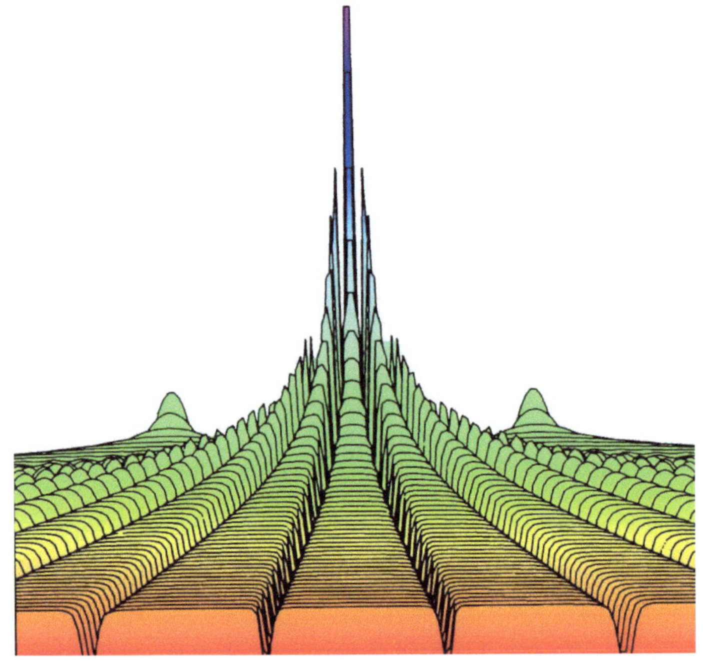

Das 'Quantenpotenzial' beim Doppelspaltversuch nach der Bohmschen Theorie: In der Mitte ragt eine unüberwindliche Barriere auf, sodass Teilchen von den beiden Spalten (im Hintergrund) die Mittellinie niemals überqueren können.

So weit die Theorie. Nun haben AEPHRAIM STEINBERG und Kollegen mit Hilfe der "schwachen Messung" die tatsächlichen Bahnen von Teilchen im Doppelspaltversuch bestimmt. Ihr Bild ähnelte verdammt gut den Bahnen, die sich theoretisch aus der Bohmschen Theorie ergeben! Ist damit alles klar? Nicht ganz. Denn erstens handelt es sich nur um ein einzelnes Experiment. Zweitens ist die Methode der "schwachen Messung" umstritten (wie so vieles in der Quantenphysik): Da wird der gegenwärtige Zustand aus Messungen in der Vergangenheit und Erwartungswerten aus der Zukunft irgendwie berechnet. Drittens haben diverse Analysen der Daten wechselweise ergeben: Die gemessenen Bahnen stimmen nicht mit den Bohmschen Bahnen überein (Coffey & Wyatt); sie stimmen doch überein (Kocsis et al); sie stimmen unter Vorbehalt überein; sie stimmen ... usw.

Ist die Interpretation überhaupt wichtig, wo doch die Messergebnisse (am Schirm) in allen Interpretationen die gleichen sind? Da kommen wir auf ein tiefes erkenntnistheoretisches Problem, mit dem beispielsweise die Kosmologen der Renaissance konfrontiert waren. Zunächst: Betrachtet man eine Theorie nur als eine Art Rechner, der bei Eingabe von Messdaten korrekte Daten für die Zukunft des Systems errechnet, ohne sich um die Art der Berechnung zu kümmern, dann spricht man von einem **Schwarzen Kasten** ("black box").

Am Beginn der Neuzeit gab es zwei konkurrierende Systeme zur Berechnung der Planetenbahnen: das *geozentrische System* von PTOLEMÄUS (die Erde steht im Mittelpunkt) und das *heliozentrische System* von KOPERNIKUS (die Sonne steht im Mittelpunkt). Beide Systeme lieferten die Positionen der Planeten, aber das von Ptolemäus war genauer! Der Grund: Kopernikus ging von der Annahme aus, die Planeten würden die Sonne um*kreisen*, was sie aber nicht tun: Ihre Bahnen sind Ellipsen, was erst Kepler herausfand. Zwar ziemlich kreisförmige Ellipsen, aber dieses "ziemlich" machte den Unterschied.

Ginge man von der Black-Box-Auffassung der Wissenschaft aus, müsste man Kopernikus verwerfen und Ptolemäus verwenden. Doch selbst wenn beide Systeme exakt die gleichen Daten lieferten - wie es bei der Bohrschen und bei der Bohmschen Quantenphysik der Fall ist - , sie würden sich dennoch himmelweit voneinander unterscheiden. Das System des Ptolemäus war gar kein System, sondern eine Anhäufung grotesker Rechenregeln, die zufällig die richtigen Resultate lieferten. Das System des Kopernikus dagegen enthielt ein Konzept, welches sich für die Weiterentwicklung der Wissenschaft als außerordentlich nützlich erwies: Im Zentrum steht ein massiver Körper. Nicht nur im Weltall, auch im Atom, und so konnte sich die frühe Quantenphysik dank der Übertragung des Kopernikanischen Systems (modifiziert durch Kepler) auf das Innere von Atomen rasant entwickeln. Es gibt sogar Entsprechungen der Denker: Kopernikus hatte sein Äquivalent in Bohr (kreisförmige Bahnen der Elektronen), Kepler in Sommerfeld (elliptische Bahnen der Elektronen).

In diesem Sinn könnte man auch die verschiedenen Quantenphysik-Systeme unterschiedlich beurteilen: Wie bringen sie uns weiter? Genügt es (nach Mach, Heisenberg und Bohr), sich mit Messdaten abzufinden, oder wäre ein allumfassendes Konzept (de Broglie, Bohm) hilfreicher für den Fortschritt der Wissenschaft?

Wie Heisenberg zu den Matrizen kam

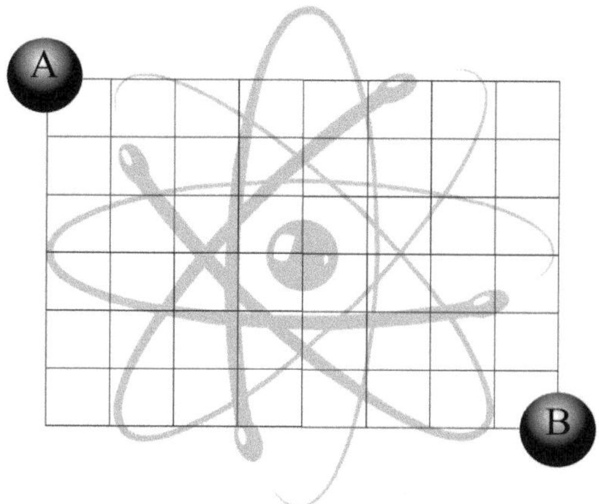

Wieviele Wege führen von A nach B? Die Beschäftigung mit dieser Frage (A und B sind Energieniveaus) führte Heisenberg zu seiner Matrizenmechanik.

Die erste geschlossene Theorie der Quantenphänomene stammt von Heisenberg und heißt "Matrizenmechanik", weil bei ihr die Zustandsgrößen mathematische Matrizen waren. Durch diese mathematischen Gebilde kam Heisenberg auch zu seiner berühmten Unschärfe- oder Unbestimmtheitsbeziehung. Aber wie er dazu kam, darüber erzählt Heisenberg nichts. Eine Untersuchung (siehe Literatur) hat versucht, das nachzuholen, und ich werde jetzt versuchen, dessen hochgestochenen Inhalt so zu erklären, dass die Denkprozesse von Heisenberg und seinen Nachfolgern bzw. Mitarbeitern (Born und Jordan) auch dem unbedarften Leser klar werden.

Es begann mit der Bohrschen (korrekten) Hypothese aus dem Jahr 1913: Licht entsteht durch **Quantensprünge**. Das heißt: Ein Elektron springt von einer höheren (energiereichen) auf eine niedere (energiearme) Bahn. Die Energiedifferenz wird in Form eines Lichtteilchens abgegeben, dessen Frequenz gemäß der Planckschen Formel $E=h\nu$ bestimmt werden kann. Heisenberg wollte, ganz nach der Machschen Philosophie, nur Beobachtbares beschreiben, und das sind *Frequenzen* und *Intensitäten*. Die

Frequenz wird, wie gesagt, von der abgegebenen Energie bestimmt, die Intensität ist das Quadrat der Wellen-Amplitude. Denn Licht ist nicht nur ein Teilchen (Foton), sondern auch eine Welle.

Die Möglichkeiten der Frequenzen in Abhängigkeit vom Energieunterschied der Bahnen hatte schon der schwedische Physiker JOHANNES RYDBERG 1888 für das Wasserstoffatom gefunden. Nummeriert man die Elektronenbahnen durch (angefangen mit der untersten Bahn = 1), so lautete die "Rydbergformel" für die Lichtfrequenzen v, wenn das Elektron von der höheren Bahn n auf die niedere Bahn m springt:

$$v = R(1/n^2 - 1/m^2)$$

R ist die nach ihrem Entdecker benannte Rydbergkonstante.

Für den mathematischen Physiker gibt es jetzt ein Problem: Die Frequenz eines Lichtteilchens ist abhängig von *zwei* Größen, nämlich von den beiden Energieniveaus oder Elektronenbahnen. Das wäre weiter nicht schlimm, aber die Frequenzen von Sprüngen über mehrere Energieniveaus können nur auf dem Umweg über die Einzelsprünge berechnet werden, also über eine Art Kaskade. Wie aber sollen die zwei Zahlen ($n{\rightarrow}k$, $k{\rightarrow}m$) rein mathematisch kombiniert werden? Soll man sie addieren, multiplizieren, sonstwie kombinieren? Zudem braucht man für einige Größen das Quadrat dieser Zahlen, beispielsweise für die Energie (die kinetische Energie ist bekanntlich $mv^2/2$) und für die Intensität (= Quadrat der Amplitude). Wie soll man *zwei* Zahlen quadrieren?

Heisenberg unterzog die Frage einer gründlichen Analyse, eliminierte, was er nicht brauchte (z.B. die augenblickliche Position des Elektrons), verwendete Formeln, die schon bekannt waren (z.B. die "Ritzsche Kombinationsformel" für Frequenzen), und konzentrierte sich auf das Quadrat von beobachtbaren Größen. Dabei überlegte er, dass es beim Quantensprung auf die *Wahrscheinlichkeit* ankommt, mit der ein Elektron von einer Bahn zur anderen springt - einen genauen Zeitpunkt, gar einen exakten Grund kann man ja nicht angeben. Nun hatte Heisenberg eine ähnliche Situation vorliegen wie Boltzmann bei der Ableitung der Entropieformel. Im Fall der Frequenzen werden diese in einer Kaskade *addiert*, die Wahrscheinlichkeiten aber *multipliziert*. Der Zusammenhang zwischen den beiden ist aber komplizierter als bei Boltzmann.

Erinnern wir uns aus dem Mathe-Unterricht: Die Wahrscheinlichkeit für A *oder* B ist die *Summe* der Einzelwahrscheinlichkeiten. Die Wahrscheinlichkeit für A *und* B ist das *Produkt* der Einzelwahrscheinlichkeiten. Bei einer Kaskade müssen alle Sprünge stattfinden, also müssen die Wahrscheinlichkeiten miteinander multipliziert werden. Andrerseits gibt es verschiedene Möglichkeiten für einen größeren Sprung, also müssen die entsprechenden Wahrscheinlichkeiten addiert werden. Ein Beispiel soll die Sache klären.

Angenommen, ein Elektron springt von Bahn 5 auf Bahn 2. Dann gibt es diese Möglichkeiten:

$(5 \to 4)$ und $(4 \to 2)$ oder $(5 \to 3)$ und $(3 \to 2)$

Jetzt ersetzen wir "und" durch "mal", "oder" durch "plus", und erhalten die reichlich symbolische (also unexakte) Formel:

$(5 \to 2) = (5 \to 4) * (4 \to 2) + (5 \to 3) * (3 \to 2)$

und die allgemeine Formel lautet:

$$(n \to m) = \Sigma(n \to k) * (k \to m)$$

wobei die Summe über $k=(n\text{-}1)$ bis $(m+1)$ läuft.

Jeder Mathematiker weiß sofort, was die obige Formel bedeutet: die **Multiplikation von Matrizen**. Aber Heisenberg wusste das nicht, denn Physiker arbeiteten nicht damit. Und bei der Multiplikation zweier Matrizen A und B gibt es eine Besonderheit. Es gilt nämlich

$A \times B \neq B \times A$ oder $A \times B - B \times A \neq 0$

Die Multiplikation ist, wie man sagt, nicht kommutativ (vertauschbar). Das irritierte Heisenberg enorm. Er verbrachte schlaflose Nächte:

Die Tatsache, dass xy nicht gleich yx ist, hat mir großes Unbehagen verursacht. Ich sah darin die einzige Schwierigkeit im ganzen Schema, mit dem ich ansonsten vollständig zufrieden war. Ich hatte als

Quantisierungsvorschrift die Thomas-Kuhnsche Summierungsregel hingeschrieben, aber war mir dessen nicht bewusst, dass es sich um pq - qp handelte.

Aber: MAX BORN und sein Schüler PASCUAL JORDAN erkannten sofort, was Heisenberg da gefunden hatte. Sie bauten Heisenbergs Formalismus aus, nannten es "Matrizenmechanik" und schufen damit die erste brauchbare, mathematisch allerdings komplizierte Quantentheorie.

Dreierlei ist anzumerken, bevor wir auf das Rechnen mit Matrizen eingehen. Erstens war die Sache selbstverständlich nicht so einfach, wie ich sie hier dargestellt habe. Heisenberg dachte nicht in Wahrscheinlichkeiten, sondern verwandelte seine beobachtbaren Größen (Frequenz und Intensität) in Fourierreihen. Jede Größe wird dadurch zu einer unendlichen Reihe, das Produkt zweier Größen also zum Produkt zweier Reihen mit jeweils unendlich vielen Summanden - mathematisch anspruchsvoll, für Heisenberg kein Problem.

Zweitens: Heisenberg konnte das Machsche Programm, nur beobachtbare Größen zu beschreiben, nicht durchhalten. Es gibt so viele andere Größen, die wichtig sind und deren Beobachtbarkeit oder Nicht- Beobachtbarkeit erst mal nicht feststeht. Zum Beispiel die klassischen Größen Ort und Impuls (Masse mal Geschwindigkeit). Die gehören zur klassischen Mechanik, auf die kann man auch in der Quantenphysik nicht verzichten. Schon Boltzmann ging am Streit über die Existenz von Atomen zugrunde, denn er glaubte an sie (zu Recht, wie sich später herausstellte), sein Widersacher Mach aber nicht, weil er sie nicht sehen konnte. Heute können wir einzelne Elektronen sichtbar machen und esoterische Eigenschaften wie den Isospin messen. Also gelten Heisenbergs Matrizenformeln für alle Größen. Aber was bedeuten dann die Werte der Matrizenbestandteile?

Um das herauszufinden, muss man nur auf die ursprüngliche Bedeutung der Matrixelemente zurückgreifen: Sie waren *Übergangswahrscheinlichkeiten*. Und was bedeuten dann die Diagonal-elemente der Matrix? Was bedeutet z.B. a_{11}? Den Übergang des Zustands "1" in sich selbst?

So ist es, und diese Zahl ist nichts anderes als die Wahrscheinlichkeit für die Existenz des Zustands "1".

Bei Betrachtung der Intensität wird diese Deutung noch deutlicher. Sie ist das Quadrat der Amplitude der entsprechenden Lichtwelle. Bei Heisenberg kommen aber gar keine Wellen vor, nur Lichtteilchen (Fotonen). So griffen Heisenberg und seine Mitstreiter BORN und JORDAN auf eine Interpretation der Intensität zurück, die (wie so vieles in der frühen Quantenphysik) von Einstein stammte: Die Intensität eines Lichtstrahls ist die Wahrscheinlichkeit, Teilchen (oder deren Energie) anzutreffen. Hat die Intensität ein Maximum, muss die Wahrscheinlichkeit gleich 1 sein, was ein paar knifflige "Normierungen" erfordert. Ist die Wahrscheinlichkeit gleich 0, gibt es dort kein Licht, der Schirm bleibt finster. So bleibt die ursprüngliche Bedeutung der Matrix-Elemente erhalten.

Allerdings erhebt sich die Frage: Was muss ich denn quadrieren, um zu dieser Wahrscheinlichkeit = Intensität zu kommen? Offenbar die Amplitude einer Welle, aber welcher Welle? Die drei Männer (HBJ) fanden eine für alle Messgrößen gleiche Interpretation: Es handelt sich um eine **Wahrscheinlichkeitswelle**. So etwas gibt es aber nicht, denn wie soll das Medium für eine solche Welle aussehen? Also beschieden (und bescheiden) sich die Physiker damit, die Welle als mathematisches Hilfsmittel zu betrachten und nur ihrem Quadrat eine Bedeutung zukommen zu lassen. Damit sind sie bisher gut gefahren, auch wenn es ganz andere Interpretationen gibt.

Und drittens wurde das so erfolgreiche Konzept der Darstellung von "Observablen" (= beobachtbaren oder messbaren Größen) durch Matrizen auch auf andere physikalische Parameter übertragen, denn die anderen Physiker wollten sich mit einer derart abstrakten Theorie nicht zufrieden geben, und Heisenberg hatte inzwischen durch Schrödingers Wellenmechanik eine ernst zu nehmende Konkurrenz erhalten. Schrödingers Theorie war anschaulich, das mochten die Physiker, und Schrödinger schloss nichts aus, auch nicht Orte oder Geschwindigkeiten. Außerdem kann nicht jede physikalische Größe als abstraktes Matrixelement dargestellt werden. Die Masse beispielswiese blieb stets eine normale Zahl, die Zeit ebenfalls.

Und das ist bis heute ein Problem: Beide Theorien können mit dem Phänomen "Zeit" nicht umgehen. Bei Heisenberg kommt sie überhaupt nicht vor, Schrödinger hat wenigstens später eine "zeitabhängige" Wellengleichung eingeführt. Gerechnet wird aber üblicherweise mit der Gleichung ohne Zeitabhängigkeit. In diesen Bildern der Wirklichkeit gibt es nur Momentaufnahmen von Ereignissen vor und nach einer Messung, keine innere, stetige Entwicklung. Das entspricht genau dem Bild, das sich Heisenberg von der Natur machte, nicht aber dem, was Schrödinger wollte. Erst Bohm hat in seiner realistischen Quantenmechanik Raum und Zeit wieder gleichberechtigt eingeführt.

Zurück zu den Matrizen. Die einfachste Form einer Matrix ist ein **Vektor**, der üblicherweise als Spaltenvektor dargestellt wird, das ist eine Matrix mit einer Spalte und n Zeilen, wobei in der Quantenphysik n auch unendlich sein kann. Nun interessiert die Physiker bei zwei Vektoren, wie ähnlich sie einander sind. Dazu könnte man ihre Längen vergleichen, aber Vektoren sind gerichtete Strecken, und die Richtung ist viel wichtiger als die Länge. Also nimmt man als Maß der Ähnlichkeit den Winkel zwischen beiden, bzw., weil es sich damit leichter rechnet, den Kosinus:

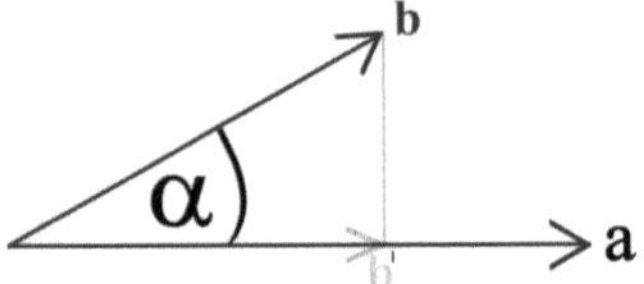

Man kann auch sagen: Das Maß der Ähnlichkeit ist die Länge der **Projektion** eines Vektors auf den anderen. In der Zeichnung wurde Vektor b auf Vektor a projiziert; der gestrichelte bzw. helle Teil des b-Vektors ist die Projektion. Sind die beiden Vektoren parallel, dann wird der Winkel α zu 0 und der Kosinus 1, das ist sein größter Wert. Die Vektoren sind einander am ähnlichsten, die Projektionen sind gleich den Vektoren. Stehen die Vektoren aufeinander senkrecht, wird der Winkel α zu 90° und der Kosinus 0, das ist sein kleinster Absolutwert. Die Vektoren sind einander am unähnlichsten, die Projektionen verschwinden (werden zu null). In einem rechtwinkeligen Koordinatensystem gibt es eine einfache Formel zur Bestimmung dieses Werts. Er heißt bei Vektoren "inneres

Produkt" und in der Statistik "Korrelationskoeffizient". Die Formel lautet: $\cos \alpha = \mathbf{a} \circ \mathbf{b}$ ("a in b") $= a_1 b_1 + a_2 b_2 + a_3 b_3$.

Vektoren kann man auf zwei Arten darstellen (was bei der Dirac-Schreibweise wichtig wird): als Spaltenvektor:

$$\vec{a} = \begin{pmatrix} a_1 \\ a_2 \\ \cdots \\ a_n \end{pmatrix}$$

... oder als Zeilenvektor: $\quad \vec{a} = (a_1 \quad a_2 \quad \cdots \quad a_n)$

Matrizen kann man sich vorstellen als nebeneinander gestellte Spaltenvektoren, und deren Multiplikationsgesetz (das sich aus der Verwendung von Matrizen für Gleichungssysteme ergab) kann man sich als innere Produkte der Spalten(vektoren) der ersten Matrix mit den Zeilen(vektoren) der zweiten Matrix vorstellen. Weil das alles eher kompliziert und für Physiker ungewohnt ist, hat sich DIRAC eine ganz andere Notation ausgedacht, die viel eleganter und auch unabhängig vom Koordinatensystem ist. Davon später mehr!

Nun wollte Heisenberg eine Theorie entwickeln, die alle Quantenphänomene erklärt, und dafür reichten reine Beobachtungsgrößen nicht aus, zumal ja niemand wissen konnte, was alles noch wichtig werden würde. So wurde damals gerade der "Spin" von Elementarteilchen entdeckt, eine ziemlich abstrakte und anschaulich schwer zu deutende Größe, die man aber messen konnte. Die rein mathematische Arbeit mit Matrizen schritt zügig voran, dank einer hochgebildeten Physiker-Elite in München (Sommerfeld), Göttingen (Born, Jordan, Pauli) und Kopenhagen (Heisenberg). Doch ein Problem blieb: Was bedeuten die Matrizen?

Man kann bei einem freien, aber unbeweglichen Elektron kaum von Übergangswahrscheinlichkeiten des Ortes sprechen. Zudem stellt sich die Frage, was denn Vektoren bedeuten. So hat sich im Lauf der Jahre eine Interpretation der Bedeutung von Vektoren und Matrizen herausgebildet, die in der klassischen Quantenphysik immer noch gilt, nicht aber (beispielsweise) in der Bohmschen Mechanik. Und diese Deutung sieht in etwa so aus:

Vektoren sind **Zustände**, das heißt die Zusammenfassung möglicher Werte einer Größe oder mehrerer Größen. In der klassischen Physik könnten wir uns ein Gas vorstellen. dessen Zustand durch drei Parameter beschrieben werden kann: Druck (p), Volumen (V), Temperatur (T). In der Chemie dagegen wäre die chemische Zusammensetzung des Gases wichtig. **Matrizen** sind dann **Operatoren**, die den Zustand eines Systems ändern. Nun könnte man meinen, diese Operatoren wären so etwas wie Kräfte. Etwa beim Gas: ein solcher "Operator" (das kann auch ein Mensch sein) könnte das Gas zusammendrücken. Dann verringert sich das Volumen, Druck und Temperatur steigen. Nicht so in der klassischen Quantenphysik: Dort wird ein Operator (also eine Matrix) interpretiert als **Messung**, die zu einem neuen Zustand führt (des Systems oder des Beobachters ???). In der klassischen Physik gibt es zwischen Messung und Zustand keinen Unterschied, in der Quantenphysik schon. Was zu unzähligen Problemen führt, die auch durch eine "Informationsphysik" nicht aus der Welt geschaffen werden können.

Doch in dieser Form der Quantenphysik gibt es noch ein paar weitere Seltsamkeiten. Bei einem Gas wird der augenblickliche Zustand gemessen. Bei einem Quantensystem dagegen wird es wichtig, was wir vom System erwarten (Ausgangszustand) und was wir messen wollen (Festlegung des Messapparats). Also braucht der Theoretiker möglichst viel mathematisches Gehirnschmalz und möglichst wenig denkerische Fantasie, um die Formeln korrekt hinzuschreiben, mit ihnen korrekt zu rechnen, das Ergebnis korrekt zu interpretieren und sich möglichst wenig Gedanken zu machen, ob der Beobachter einen Einfluss auf das Ergebnis hat oder nicht, was das Ergebnis wirklich bedeutet, ob der Informationszustand des Systems sich verändert oder der des Beobachters, wo die Grenze zwischen beiden liegt, was "real" ist oder durch eine Beobachtung erst wird. Das ist eben Quantenphysik nach klassischer ("Kopenhagener") Manier!

Ungenauigkeit - Unbestimmtheit - Unschärfe - Unsicherheit

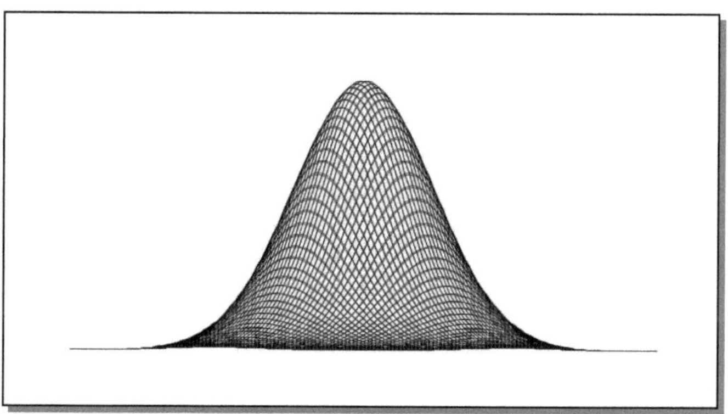

Ein Wellenpaket - Ursache der Unschärferelation

Sie machte ihren Entdecker unsterblich. Wann immer Fachwelt oder Laienschaft an Heisenberg denkt, denkt man/frau an das von ihm entdeckte Phänomen - siehe Titel. Und so fängt die Misere an: Worum handelt es sich eigentlich?

Um eine <u>Ungleichung</u>. Die Beziehung $\Delta q \cdot \Delta p \geq \hbar/2$, d.h., die Ungenauigkeit / Unbestimmtheit / Unschärfe / Unsicherheit zwischen Ort q und Impuls p ist immer da und kann eine bestimmte Größe nicht unterschreiten. Eine Ungleichung in der Physik zu beweisen ist nicht ganz einfach. Boltzmann scheiterte daran, als er zeigen wollte, dass die Entropie S zur Zeit t niemals kleiner sein kann (also gleich oder größer sein muss) als die zur Zeit $t=0$: $S_t \geq S_0$. Schaffte er nicht, trotz genialen Einsatzes von Wahrscheinlichkeitsrechnung und Kombinatorik. Die Mathematiker zerlegten seine Berechnungen, was unfair war, denn bei der Entropie geht es um eine zeitliche Entwicklung, wohingegen in der Mathematik die Zeit nicht vorkommt.

In seiner epochalen Publikation aus dem Jahre 1927 ("Über den anschaulichen Inhalt der quantentheoretischen Kinematik und Mechanik") fand Heisenberg einige seltsame Rechtfertigungen für die nach ihm benannte

Beziehung, die er damals durchgehend "Ungenauigkeit" nannte. Er argumentierte folgendermaßen: Wenn ich den Ort beispielsweise einer fallenden Kugel exakt bestimmen will, muss ich in sehr kurzer Zeit eine Momentaufnahme machen. Dann aber kann ich die Geschwindigkeit nicht bestimmen, denn für sie brauche ich *zwei* Orte, also eine Wegstrecke. Umgekehrt: Will ich die Geschwindigkeit messen, benötige ich, wie erwähnt, zwei Ortsangaben, deren Abstand ich durch die Zeit dividiere. Dann aber fehlt mir ein genauer Ort.

Heisenberg hat wohl übersehen, dass im 17. Jahrhundert zwei Gelehrte das Problem bereits gelöst hatten: LEIBNIZ mit seinen "Differenzialen", NEWTON mit seinen "Fluxionen". Da rechneten sie mit unendlich kleinen Größen, die sie mittels Grenzübergängen aus endlichen Größen ermittelten. Warum dann Heisenbergs Uralt-Einwände gegen exakte Bestimmungen?

Heisenbergs zweites Argument, das "Gammastrahlen-Mikroskop", wurde von seinem Lehrer und väterlichen Freund Niels Bohr noch vor Publikation des Artikels zerpflückt. Es geht etwa so: Wenn man ein quantenphysikalisches System betrachtet - beispielsweise ein einzelnes Elektron - so muss man eine verdammt gute Lupe haben, um es sehen zu können. Besser gesagt: eine verdammt gute Lichtquelle. Normales Licht reicht dafür nicht, man braucht solches mit extrem kurzer Wellenlänge, also harte Röntgen- oder gar Gammastrahlen. Es wäre illusorisch zu glauben, dass diese energiereichen Strahlen unser harmloses Elektron unbehelligt lassen. Sie stoßen es aus der Bahn, sein Ort ist nicht mehr exakt bestimmbar, die Geschwindigkeit auch nicht. Wegen dieser *Störung* kommt es zur Unsicherheit bezüglich Ort oder Geschwindigkeit eines Teilchens.

Doch auch diese Erklärung ist falsch. Erstens kann man diesen Fall - Zusammenstoß zweier Teilchen - durchaus klassisch mit dem Newtonschen Impulssatz behandeln, und das wusste Heisenberg auch. Zweitens steht in seiner Ungleichung nichts von einem Beobachter oder gar von einem Mikroskop. Und drittens kommt die Unschärfe allein aus der Gleichsetzung eines Teilchens mit einem Wellenpaket. Warum dann wieder ein so seltsames Argument für Heisenbergs neues Prinzip? Mara Beller ist in ihrem Buch "Quantum Dialog. The Making of a Revolution" den psychologischen Hintergründen der Quanten-Aktöre nachgegangen. Ihre These: Heisenberg wollte alles vermeiden, was mit "Welle" zu tun hatte. Zu sehr wurmte ihn Schrödingers vor kurzem etablierte "Wellenmechanik", die noch dazu alle Physiker begeisterte und seine eigene Matrizenmechanik in den Hintergrund drängte. Daher sein *Strahlen*-Mikroskop. Später änderte Heisenberg seine Begründung und nannte als Störung *den Einfluss der Fouriertransformation auf den quantenmechanischen Zustand im Ortsraum.* Aber ausgerechnet sein wissenschaftlicher Rivale lieferte ihm das Konzept für die einzige zutreffende Erklärung der Unschärfe: das Wellenpaket.

Seine Ungleichung verwendete Heisenberg zur Rechtfertigung der statistischen Interpretation der Quantenphysik, wobei sich zeigte, dass er zumindest zu Beginn seiner Entdeckung nicht so genau wusste, was sie bedeutet. Denn eine dritte Erklärung für seine Ungleichung erweist sich ebenfalls als unzutreffend. In seinem Artikel meint er: *"[Die Bahn eines Elektrons] kann nur statistisch berechnet werden, was man als Folge der prinzipiellen Ungenauigkeit der Anfangsbedingungen betrachten kann."* Das hat mit der prinzipiellen Unbestimmtheit seiner Ungleichung nichts zu tun; es handelt sich vielmehr um das von POINCARÉ entdeckte *deterministische Chaos.* Heisenberg erläutert dies seine Ideen weiter so:

An der scharfen Formulierung des Kausalgesetzes: "Wenn wir die Gegenwart genau kennen, können wir die Zukunft berechnen". ist nicht der Nachsatz, sondern die Voraussetzung falsch. Wir können die Gegenwart in allen Bestimmungsstücken prinzipiell nicht kennen lernen. Deshalb ist alles Wahrnehmen eine Auswahl aus einer Fülle von Möglichkeiten und eine Beschränkung des zukünftig Möglichen.

Auch eine vierte Erklärung, besser gesagt: Analogie, greift daneben. Heisenberg verglich seine Ungleichung mit derjenigen, die das Auflösungsvermögen eines gewöhnlichen Lichtmikroskops beschreibt. Die ist nämlich abhängig von der Beschaffenheit der Linse und natürlich von der Wellenlänge des verwendeten Lichts: Ist sie größer als das zu besehende Objekt, kann man letzteres nicht mehr auflösen. Heisenberg wusste also zu Beginn nicht so recht, was er da entdeckt hatte.

Die **Unbestimmtheit** - jetzt sind wir bei einem anderen Wort - ergibt sich aus der Nicht-Vertauschbarkeit der Matrizenmultiplikation, ist also rein mathematischer Natur - aber nur als Gleichung, nicht als Ungleichung. Und sie gilt auch nur für freie Teilchen, nicht für solche im Atomverband. Die Gleichung hatte schon Dirac vor Heisenberg entdeckt, und Dirac hielt nichts von einer Ungleichung, denn er schwor auf Gleichungen. Damit stand Dirac im Gegensatz zu all jenen, welche die Quantenphysik popularisierten und die Unschärfe als zentralen Punkt hinstellten, was sie in keiner Weise ist. Zentraler Punkt der Quantenphysik ist das Phänomen der <u>Verschränkung</u>, nicht die Unschärfe. Die Unschärfe fehlt bei Schrödinger und bei Bohm. Wozu braucht man sie dann?

Immerhin: Schrödinger war der erste, der versuchte, ein Quantenobjekt durch eine Welle zu beschreiben. Weil er Teilchen- und Wellenaspekt zugleich haben wollte, erfand er das **Wellenpaket**, als Überlagerung von Wellen ähnlicher Frequenz, was so aussieht wie zu Beginn des Kapitels abgebildet. Es ist zugleich Teilchen ("verschmiert") und Welle (komprimiert). Wie ersichtlich, kann man einen exakten Ort für dieses Gebilde nicht angeben. Zwar hat das Maximum eine eindeutige Koordinate, nicht aber der Rest des Pakets. Das gilt auch für die Geschwindigkeiten der Wellenzüge, aus denen das Paket aufgebaut ist, die sich leicht unterscheiden. Je schmäler das Paket im "Ortsraum" ist, desto breiter wird es im "Impulsraum". Die Verschmälerung des einen bewirkt eine Verbreiterung des anderen. Das Heisenberg-Phänomen ergibt sich also aus dem Versuch, ein Quantenobjekt durch ein Wellenpaket darzustellen - was Niels Bohr als einzig wahren Grund für die Unschärfe erkannt hatte!

Im Englischen heißt Heisenbergs Phänomen **Unsicherheit** (uncertainty), was sich auf den Informationszustand eines Beobachters bezieht und in der Physik eigentlich nichts zu suchen hat. Denn die Physik beschreibt objektive (beobachterunabhängige) Erscheinungen, nicht subjektive Zustände. Kurzum: Es wird nicht so ganz klar, was denn nun gemeint ist. Aber vielleicht kann uns das Lexikon des Allwissens helfen? Gibt man "Unbestimmtheit" oder "Unschärfe" bei Wikipedia ein, steht gleich am Anfang: *"Die Heisenbergsche Unschärferelation kann als Ausdruck des Wellencharakters der Materie betrachtet werden."* Das stimmt, wenn man beides zugleich haben will - eben ein Wellenpaket. Doch es gibt ganz andere Interpretationen, wo die beiden Aspekte (Teilchen - Welle) getrennt sind und keinerlei Unschärfe nötig wird (de-Broglie-Bohmsche Mechanik). Weiter vertritt Wikipedia offenbar ausschließlich die Kopenhagener Deutung, wenn behauptet wird: *"Die Aussagen der Quantenmechanik über unsere Welt sind Aussagen über Ausgänge von Messungen."* Auch das gilt nur für Heisenberg und Bohr, nicht aber für de Broglie und Bohm. Und schließlich schreibt Wikipedia wirklichen Unsinn: *"Die Heisenbergsche Unschärferelation ergibt sich daraus, dass ein physikalisches System in der Quantenmechanik mit Hilfe einer Wellenfunktion beschrieben wird."* Es kommt nicht auf die Wellenfunktion an, sondern auf deren Interpretation. Nimmt man ψ als Wellenpakt, stimmt die Aussage. Nimmt man ψ als Wahrscheinlichkeitsamplitude für ein Einzelteilchen, stimmt die Aussage nicht. Nimmt man ψ als Führungswelle für Einzelteilchen, stimmt die Aussage erst recht nicht. Woraus man schließen kann, dass auch das Internet nicht allwissend ist - oder nicht objektiv.

Die rein mathematische Ableitung der Heisenbergschen Ungleichung ist überaus kompliziert. In der Mathematik gibt es nur eine Ungleichung, die dabei hilfreich wäre, nämlich die Schwarzsche Ungleichung. Sie besagt, dass die längere Seite eines Dreiecks nicht größer sein kann als die Summe der beiden anderen Seiten. Klingt trivial, ist es aber nicht. Denken Sie an eine komplexe Zahl (und die Quantenphysik arbeitet dauernd mit komplexen Zahlen): Realteil, Imaginärteil und Zeiger vom Ursprung bilden zusammen ein Dreieck, mit dem Zeiger als lange Seite. Daraus die Unbestimmtheitsrelation abzuleiten ist nicht ganz einfach. Jedenfalls standen Heisenberg diese mathematischen Hilfsmittel noch nicht zur Verfügung.

Aber: Gibt es das Heisenbergphänomen überhaupt? Welche Frage! Natürlich gibt es diese Unbestimmtheit / Unschärfe / Unsicherheit. Schließlich rechnet jeder Quantenphysiker mit ihr. Nun ja. Ich habe ein Buch über Quantenphysik (Weizel: Physikalische Formelsammlung), in dem der gesamte mathematische Formalismus der Quantenphysik dargestellt wird und alle wichtigen Theoreme abgeleitet werden. Die Unschärfe kommt dort kein einziges Mal vor, nicht mal dem Namen nach. Und tatsächlich: **Es gibt sie nicht.** Denn in der Wissenschaft entscheiden nicht philosophische Vorstellungen selbst ernannter Päpste; in der Wissenschaft zählt allein die Realität: das Experiment, die Erfahrung, die Wirklichkeit. Darin unterscheidet sie sich von den Religionen. Und die Wirklichkeit sagt Folgendes:

- 1924 zeigten Experimente von BOTHE und GEIGER sowie COMPTON und SIMON, dass Elektronenbahnen eindeutig bestimmbar sind.

- 1929 wies der amerikanische Physiker EDWARD UHLER CONDON darauf hin, dass das Heisenbergphänomen für die vertikale Komponente des Drehimpulses nicht gilt - also auf keinen Fall allgemein.

- 1998 korrigierte der deutsche Physiker GERHARD REMPE an der Universität Konstanz eine in Lehrbüchern verbreitete Meinung über das Heisenberg-Phänomen: Im Doppelspaltversuch zerstören Informationen über den Weg eines Fotons das Wellen-Interferenzmuster. Das aber liegt *nicht* an der Heisenbergschen Unschärfe, wie in Lehrbüchern kolportiert, sondern an ihrer Verschränkung. Merke: Verschränkte Teilchen besitzen keinerlei Unschärfe!

- 2011 gelang AEPHRAIM STEINBERG am Zentrum für Quanteninformation und Quantensteuerung der kanadischen Universität von Toronto mit Hilfe einer **schwachen Messung** (weak measurement) im Doppelspaltversuch die gleichzeitige und exakte Bestimmung von Ort und Impuls der Lichtteilchen (Fotonen). Bei einer solchen schwachen Messung werden die Teilchen so wenig gestört, dass der Einfluss des Beobachters im Durchschnitt belanglos wird. Steinberg widerlegte damit das Heisenbergphänomen und bewies zugleich (indem er die Bahnen der Teilchen aufzeichnete) die Führungswellentheorie von de Broglie und Bohm.

JAMES PAUL WESLEY, ein "dissidenter" Physiker, dessen Bücher leider nicht mehr erhältlich sind, hat die Unschärfe einiger Quantensysteme durchgerechnet und kam zu einem vernichtenden Ergebnis: Selbst im allereinfachsten Fall, beim Wasserstoffatom, ist die "Schärfe" der Bestimmbarkeit zehntausendmal größer als sie nach Heisenberg sein dürfte. Dies gilt aber auch beispielsweise bei einem Walkman, beim Rastertunnelelektronenmikroskop, bei einem Foton in einer lebenden Zelle. Der

Nobelpreisträger DIRAC, der die Unschärfe schon vor Heisenberg entdeckt hatte, äußerte 1963 seine Zweifel:

Ich denke, man kann als sicher annehmen, dass die Unbestimmtheitsbeziehungen in ihrer gegenwärtigen Form die Physik der Zukunft nicht überleben werden.

Die Grenzen, die Heisenbergs Unbestimmtheitsrelation setzt, sind Grenzen der Theorie, nicht der Natur. Das Phänomen ist unwissenschaftlich: Die experimentelle Erfahrung hat es unzählige Male widerlegt, und als Erkenntnisprinzip ist es nicht nur unbrauchbar, es behindert sogar den Fortschritt, weil es auf dogmatische Weise unser Wissen einschränkt. Was tatsächlich der Fall war:

- Der amerikanische Physiker und Nobelpreisträger CHARLES TOWNES hatte Schwierigkeiten, den MASER (eine Mikrowellenversion des LASERs) zu entwickeln. Ihm wurde davon abgeraten, weil das Gerät in seiner Funktionsweise dem Heisenberg-Phänomen widerspräche. Er tat's trotzdem, und seitdem verletzen MASER und LASER dieses Prinzip.

- Der ägyptische Chemiker und Nobelpreisträger AHMED ZEWAIL musste die Zweifel seiner Kollegen bei Untersuchungen chemischer Reaktionen im Femtosekundenbereich überwinden. Die sagten ihm: Bei diesen kurzen Zeiten (eine Femtosekunde = 10^{-15} Sekunden = 1 Billiardstel Sekunde) gibt es riesige Ungenauigkeiten der Energie, und das Wellenpaket - wichtig für die genaue Ortsbestimmung - würde bald zerfließen. Also wären derartige Forschungen von vornherein zum Scheitern verurteilt - dank eines unhaltbaren physikalischen Prinzips! Zewail ließ sich nicht abhalten und brachte es zum Nobelpreis, musste sich aber öffentlich gegen die Vergötterung des Heisenberg-Phänomens zur Wehr setzen, was er in einem Artikel in der renommierten Zeitschrift NATURE 2001 tat ("The fog that was not"). Dort schrieb er: *"Das Gespenst der Quanten-Unschärfe könnte uns den Weg zu neuen Entdeckungen verstellen."* Weniger charakterfeste Forscher haben vielleicht aufgegeben, weil das Establishment (und die potenziellen Geldgeber) ihnen weismachten, es wäre sinnlos, gegen Heisenberg anzukämpfen.

Zudem verschwindet die Unschärfe in einer anderen Interpretation, der "Transaktionsinterpretation der Quantenphysik" (JOHN CRAMER 1980). Dort beschränkt sie sich auf eine unmessbare kleine Region, die mit der de-Broglie-Wellenlänge übereinstimmt. Als Prinzip kann das Heisenberg-Phänomen ohnedies nichts voraussagen, außer das Scheitern einer Anstrengung. Es bringt keinen Erkenntnisgewinn, es führt die Forschung nicht weiter, im Gegenteil, wie wir gesehen haben. Warum dann das Bestehen auf dieser Chimäre?

Es liegt an einem Postulat, besser gesagt: an einem Dogma, der orthodoxen Quantenphysik, dass bei Messungen immer nur der *Mittelwert* einer Größe bestimmt werden kann. Dann ist der *Einzelwert* natürlich irgendwie unbestimmt. Aber das muss nicht sein. Nach der Bohmschen Interpretation können Ort und Impuls jedes Teilchens exakt berechnet und bestimmt werden. Man muss nur das Dogma aufgeben. Was beweist, dass der Ausdruck "orthodox" hier zutrifft: Dieses Wort kennen wir aus der Theologie. Dort bedeutet "orthodox" "richtig" oder "vom Papst genehmigt" - und der Papst war in diesem Fall Bohr. Selbst heute wagt es keiner, das Dogma als solches zu entlarven, und überall, wo in Experimenten festgestellt wird, dass keine Unbestimmtheit vorliegt, wird pflichtgemäß darauf verwiesen, dass die Unbestimmtheit doch zutrifft. Man muss nur ein bisschen anders rechnen. Wie früher im Kommunismus: Was Marx/Lenin/Stalin einst geschrieben haben, ist auf jeden Fall richtig, selbst wenn der Augenschein etwas völlig anderes sagt.

... Zum Abschluss ein kleiner Witz: *Heisenberg ist zu schnell auf der Autobahn unterwegs. Er wird von einem Polizisten angehalten und gefragt: "Wissen Sie, wie schnell Sie unterwegs waren?" "Nein, aber ich weiß, wo ich war."*

WERNER HEISENBERG: Über den anschaulichen Inhalt der quantentheoretischen Kinematik und Mechanik. *Zeitschrift für Physik 43 (1927), 172-198*

AHMED ZEWAIL: The fog that was not. *NATURE 412, 19 July 2000*

Verschränkung

Zwillingsteilchen im All: Jedes weiß zu jeder Zeit und sofort, was dem anderen geschieht, unabhängig von der Entfernung voneinander. Es ist, als ob die Teilchen von einer unsichtbaren, alle Entfernungen augenblicklich überwindenden Kraft zusammengehalten werden (hier repräsentiert durch das "Geller-Huchra-Männchen", eine gigantische Ansammlung von Galaxienhaufen im Weltall)

Im Jahre 1935 veröffentlichte ALBERT EINSTEIN zusammen mit seinen Mitarbeitern BORIS PODOLSKY und NATHAN ROSEN in der Zeitschrift *Physical Review* einen höchst bemerkenswerten Artikel mit dem Titel "Can Quantum-Mechanical Description of Physical Reality be Considered Complete?". Darin stellten die Autoren mittels eines Gedankenexperiments fest, dass die Quantenphysik augenblickliche (überlichtschnelle) Wirkungen zulässt, was mit der (allgemein akzeptierten) speziellen Relativitätstheorie im Widerspruch steht. SCHRÖDINGER erkannte sofort die Bedeutung des Beitrags und schuf für das Konzept der nichtteilbaren Zustände den Ausdruck **Verschränkung**. Er übersetzte das Wort auch gleich ins Englische, wo die Verschränkung *entanglement* genannt wird, was so viel wie Verwicklung, Verstrickung bedeutet. Für ihn war die Verschränkung *der* wesentliche Bestandteil der Quantenphysik, nicht die Quantenbahnen, nicht die Wahrscheinlichkeitsaussagen, nicht hermitesche Matrizen oder Eigenwertgleichungen. Und er hatte Recht.

Damals handelte es sich um ein reines Gedankenexperiment, heute kann es tatsächlich durchgeführt werden, und deswegen verwenden wir ein echtes Experiment zur Erklärung. Ein polarisiertes Lichtteilchen wird auf einen "nichtlinearen" Kristall geschickt (z.B. Beta-Bariumborat), der das Teilchen verdoppelt und dabei die Frequenz halbiert, denn der Energieerhaltungssatz bleibt bestehen. Die beiden neuen Teilchen, fortan *Zwillingsteilchen* genannt, behalten über Raum und Zeit ihre bei der Entstehung vorhandenen Eigenschaften, z.B. die Polarisationsrichtung. Misst man diese Eigenschaft bei einem Teilchen, ist sie augenblicklich auch beim anderen Teilchen vorhanden, egal wie weit die beiden in Raum oder Zeit getrennt sind. Das kann man noch verstehen, auf Grundlage der Information: Ich nehme zwei Kugeln, eine rote und eine grüne, und verpacke beide sichtdicht und getrennt, in zwei Schachteln. Die eine schicke ich per Post auf den Mond, die andere öffne ich. In dem Augenblick, da ich "meine" Kugel sehe, weiß ich auch, welche Kugel der Mondmann in Händen halten wird, wenn auch er seine Schachtel öffnet.

Doch allein schon das widerspricht der orthodoxen Deutung, verletzt also ein Kopenhagener Dogma. Denn dort heißt es: Jeder Zustand besteht zunächst aus einer Überlagerung diverser Zustände (im Fall des Experiments sind es zwei). Eine Reduktion auf nur *einen* Zustand erfolgt stets durch eine Messung. Das ist beim ersten Teilchen auch der Fall, beim zweiten aber wird nichts gemessen!

Doch es wird noch schlimmer, das Unbegreifliche, kommt noch: Wenn ich den Zustand des einen Teilchens verändere, z.B. die Polarisationsebene drehe, dann verändert sich der Zustand des Zwillingsteilchens ebenfalls, und zwar augenblicklich. Eine überlichtschnelle Verbindung unbekannter Natur, von Einstein *spukhafte Fernwirkung* genannt, scheint zwischen den beiden

Teilchen zu bestehen - selbst dann, wenn sie gar nicht zur gleichen Zeit existieren! Das fand eine Forschungsgruppe um HAGAI EISENBERG von der University of Jerusalem 2013 heraus, als Erweiterung eines Experiments von ANTON ZEILINGER an der Universität Wien: Sie konnte zwei Fotonen miteinander verschränken, die nicht zur gleichen Zeit existierten! Für diejenigen, die's interessiert: Dazu erzeugt man zunächst *zwei* Paare von verschränkten Fotonen an verschiedenen Orten. Das zweite Fotonenpaar wird erst nach der Polarisationsmessung am ersten Foton erzeugt. Das zweite Foton wird in ein Glasfaserkabel eingespeist und bis zur Erzeugung des zweiten Paares verzögert. Dann führt man eine verschränkende Messung durch, sodass auch das erste mit dem vierten Foton verschränkt wird – mit dem Unterschied, dass das erste Foton zu diesem Zeitpunkt bereits nicht mehr existiert, weil es von der Messapparatur absorbiert wurde. Trotzdem konnten die Forscher die typischen Quantenkorrelationen zwischen dem ersten und dem vierten Photon nachweisen.

Einstein hatte mit seinen Gedanken Bohr und seine realismus- und kausalitätsferne Philosophie attackiert. Dieser antwortete auf seine Art - umständlich, nichtssagend, verworren (wir haben seine Antwort teilweise im Kapitel über Bohr, Philosophie, abgedruckt). Da die Physiker zur damaligen Zeit an philosophischen Diskussionen nicht mehr interessiert waren, verlief die Sache im Sand. Erst vierzig Jahre später wurde das Thema von JOHN BELL wieder aufgegriffen, und seitdem läuft die Diskussion, erst negativ ("Hatten wir das nötig?"), dann allmählich positiv ("Können wir etwas daraus machen?"). Und so führte die seltsame Verknüpfung von Zwillingsteilchen zu Forschungen auf dem Gebiet der Quantenverschlüsselung von Botschaften, des Baus eines Quantencomputers, und vor allem der Teleportation, der wir ein eigenes Kapitel widmen.

Schrödingers Katze

Herrschen im Bereich des Mikrokosmos andere Gesetze als in der gewohnten Welt der Dinge, die wir begreifen können, und das auch wörtlich? Offenbar. Denn die Welt des wirklich Kleinen wird beschrieben durch einen Vektor in einem abstrakten Raum ("Hilbertraum"), der alle möglichen Zustände des Systems enthält. Im einfachsten Fall sind es nur zwei, zum Beispiel die zwei Spin-Richtungen eines Elektrons oder die Polarisationsebene (waagrecht oder senkrecht) eines Lichtstrahls. Jeder dieser Zustände hat eine bestimmte Wahrscheinlichkeit. Durch eine Messung - so die Deutung der "orthodoxen" Quantenphysik - wird aus diesen (noch nicht realisierten, also möglichen) Zuständen ein einziger herausgeschält, er erhält die Wahrscheinlichkeit "1", alle anderen werden zu null.

Jetzt kommt Schrödinger und steckt - seine Grausamkeit ist wenig verständlich - eine Katze in eine Schachtel mit einer Zyankali-Ampulle, nach Schrödinger in eine *Höllenmaschine*. Ein Hammer zerschlägt das Glas irgendwann, denn er wird von einem Atom aus einer radioaktiven Quelle betätigt. Nach der Kopenhagener Deutung ("Orthodoxe Quantenphysik") besteht die Katze aus der Überlagerung zweier Zustände: tot *und* lebendig zugleich. Diese Überlagerung wird erst durch eine Beobachtung aufgehoben, dann ist die Katze endgültig tot oder auch nicht. Wobei sich bei aller Absurdität der Situation auch noch die Frage erhebt: Was ist in diesem Fall eine "Beobachtung"? Direkt hineinschauen, nur ein Foto knipsen, beobachtet sich die Katze selbst oder sieht Gott alles?

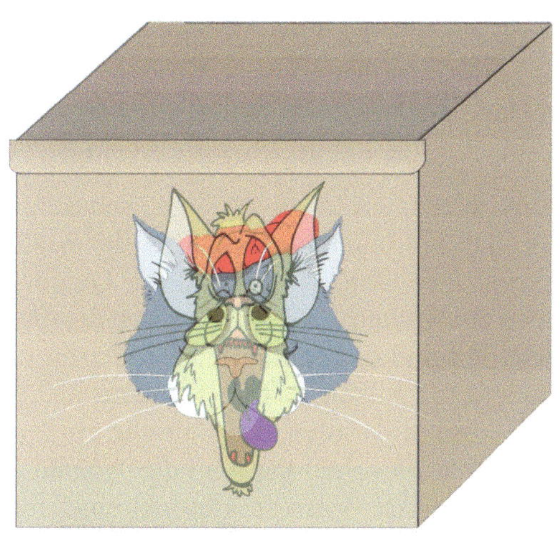

*Schrödingers Katze: Nach dem Öffnen der Schachtel ist sie lebendig **o-der** tot. Wenn tot: Hat etwa der Beobachter ihren Tod verursacht?*

Noch absurder wird die Vorstellung, wenn man die Katze durch eine Bombe ersetzt (was der ursprünglichen Idee Einsteins entspricht, mit der er Schrödinger zu seinem Katzenparadoxon

anregte) und die Giftgasampulle durch den Bombenauslöser. Angenommen, ein Atom ist auf den Auslöser gehüpft und hat die
Bombe gezündet. Die aber explodiert erst, wenn der Deckel gelüftet und nachgeschaut wird - was auch niemals geschehen kann.
Eine Bombe, die gleichzeitig explodiert und nicht explodiert ???

Das alles sind doch müßige Spekulationen, sollte man meinen.
Schließlich handelt es sich bei der Katze um ein eindeutig makroskopisches Objekt, während die Quantenphysik für den Mikrokosmos zuständig ist. Mag sein, doch die Grenzen zwischen dem winzig
Kleinen und dem alltäglich Fassbaren verschwinden. So gibt es inzwischen "Bose-Einstein-Kondensate", ultrakalte Gase mit mehre-
ren tausend Atomen, die sich wie ein einziges Quantenteilchen verhalten. Inzwischen hat man die Anzahl der Atome auf zehn Millionen gesteigert. Vom Standpunkt eines menschlichen Betrachters aus
ist das noch immer recht wenig, aber in supraleitenden Schaltkreisen
können solche Überlagerungen wie bei Schrödingers Katze bei tiefen Temperaturen in Objekten hergestellt werden, die man mit blo-
ßem Auge sehen kann. Diese Zustände heißen sogar offiziell "Kat-
zenzustände", zu Ehren der malträtierten Katze aus Schrödingers
Höllenmaschine.

Mehr noch: Mit einem solchen Katzenzustand konnten NADAV
KATZ (der Name ist reiner Zufall!) und Mitarbeiter von der kalifor-
nischen Universität in Santa Barbara im Jahre 2008, metaphorisch
gesprochen, einen kurzen Blick in die Höllenmaschine werfen, ohne
die Katze zu "kollabieren", um dann, nach Verschließen des De-
ckels, die kurze Störung wieder rückgängig zu machen, sodass die
"Katze" weiterhin im Schwebezustand zwischen Leben und Tod
verharrte. Oder, etwas wissenschaftlicher ausgedrückt: Ein Supraleiter (bei dem bei tiefen Temperaturen der elektrische Widerstand
verschwindet) kann zwei Energien besitzen, eine niedrige und eine
hohe. Mit unserer Katzen-Analogie können wir die niedrige Energie
mit dem Tod der Katze gleichsetzen, während sie bei hoher Energie
noch lebt.

Der Supraleiter wurde so präpariert, dass erst mal beide Energieformen vorhanden sind (Katzen-Analogie: lebendig und tot zugleich). Durch Einschalten einer Barriere für die niedrige Energie konnten sie 'messen' (eigentlich nur vermuten), dass das System im Zustand niedriger Energie ist, sonst wäre nämlich durch den quantenphysikalischen Tunneleffekt ein wenig von der höheren Energie über die Barriere geschwappt. Die Katze war also, nach einem kurzen Blick in die Schachtel, mit größter Wahrscheinlichkeit schon tot.

Jetzt wurden die Energien vertauscht, und eine erneute (schwache) Messung machte die erste Messung zunichte. Die Forscher fanden sozusagen einen "Messungsradierer", sie machten die vermutlich tote Katze wieder lebendig. Kommentar des Quantenphysikers Vlatko Vedral von der britischen Universität in Leeds: "Wir können *nicht* annehmen, dass eine Messung erst die Wirklichkeit erschafft, da es möglich ist, die Effekte einer Messung rückgängig zu machen." Mit anderen Worten: Wir können die durch eine Messung angeblich erschaffene Realität durch eine Anti-Messung wieder zum Verschwinden bringen. Kopenhagen ade!

NADAV KATZ et al.: Uncollapsing of a quantum state in a superconducting phase qubit. 22. Juni 2008

Kollaps und Quantensprung

In der Quantenphysik, wie sie von Bohr, Heisenberg, Born und Jordan formuliert wurde, geschieht alles sofort. Der **Quantensprung** eines Elektrons von einer Energieschale in eine andere vollzieht sich ohne Verzögerung Es gibt eine **augenblickliche Informationsübertragung** bei **verschränkten Teilchen**. Und bei einer Beobachtung bricht das System aus überlagerten Zuständen sofort zusammen (**Kollaps** oder **Reduktion** der Wellenfunktion). Aber ist es wirklich so? Und was bedeutet diese Zeitlosigkeit?

Beginnen wir mit dem "Kollaps". Die konventionelle Beschreibung eines quantentheoretischen Vorgangs erfolgt laut Wikipedia (leicht gekürzt) etwa so:

*In der Quantenmechanik wird ein physikalisches System durch eine **Überlagerung** („Superposition") unterschiedlicher Zustände beschrieben. Wird an einem solchen System eine **Messung** durchgeführt, so werden die Experimentatoren stets einen einzigen Messwert ermitteln. Dies bedeutet, dass die Überlagerung von Zuständen durch die Messung auf **einen einzelnen dieser Zustände** reduziert bzw. projiziert wird. Dieser Übergang vom Zustand der Superposition in einen eindeutig bestimmten Zustand wird als **Zustandsreduktion** bezeichnet. Da der Ausgangszustand als Zustand der Schrödinger'schen Wellenfunktion dargestellt wird, spricht die Kopenhagener Interpretation auch vom **Kollaps der Wellenfunktion**.*

Weil man Zustände im mathematischen Formalismus der Quantenphysik unterschiedlich darstellen kann, gibt es hier zwei wesentliche Möglichkeiten:

(1): Ein Zustand entspricht gemäß der Schrödingerschen Wellenmechanik einer *Welle*. Die Überlagerung mehrerer (auch unendlich vieler) Zustände entspricht dann eben der Überlagerung vieler Wellen unterschiedlicher Frequenz und Amplitude. Das

ergibt ein *Wellenpaket*, und dessen Reduktion auf eine einzelne
Welle etwa so aussieht:

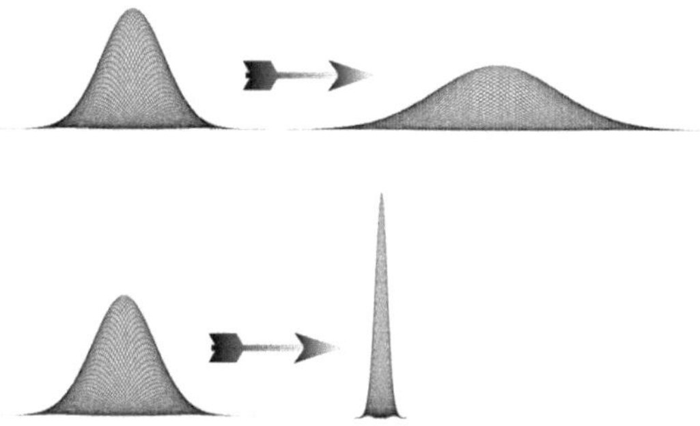

*Kollaps (Reduktion) der Wellenfunktion: Ein Wellenpaket würde nor-
malerweise mit der Zeit zerfließen (oben). Doch durch eine Messung
gibt es einen "Kollaps" des Wellenpakets (unten), bei dem eine einzige
Welle (mit einer bestimmten Frequenz) herausgefiltert wird.*

Oder (2): Ein Zustand entspricht gemäß der abstrakten Darstellung in einem Hilbertraum einem *Vektor*, der sich aus vielen
(auch unendlich vielen) Basisvektoren zusammensetzt. Jeder dieser Basisvektoren entspricht einem möglichen Zustand. Die Reduktion dieses Vektors bedeutet, dass nur *einer* der Basisvektoren in der Messung erscheint. Der Vektor bricht sozusagen in
sich zusammen, er "kollabiert" auf eine seiner Achsen. Das sieht
etwa so aus:

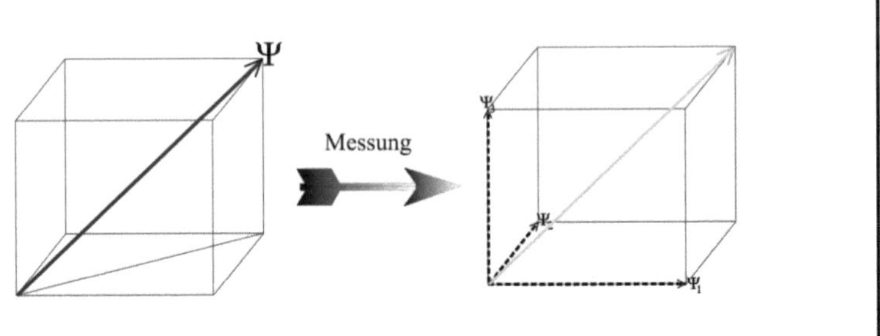

"Kollaps " in der Vektordarstellung: Der zusammengesetzte Zustand ψ kollabiert nach einer Messung in einen der Zustände ψ_1, ψ_2 oder ψ_3.

Aber wann findet der Zusammenbruch statt? Was bedeutet eine "Messung", auf wen bezieht sie sich? Diese Fragen führten Schrödinger zur Erfindung seiner gleichzeitig lebendigen und toten Katze, und auch heute noch gibt es Streit darüber, wann ein Zustand "gemessen" wurde.

Indes, die Beobachtung eines Systems scheint tatsächlich etwas zu bewirken, manchmal das Gegenteil dessen, was der Ausdruck "Kollaps" suggeriert: Durch stetige Beobachtung eines kurzlebigen, da radioaktiven Systems, kann es gelingen, die Lebensdauer des Systems zu verlängern, theoretische ins Unendliche. Es handelt sich dabei um den "**Quanten-Zeno-Effekt**", benannt nach dem altgriechischen Philosophen ZENO VON ELEA, der meinte, Bewegung wäre eine Illusion. Bei einer Beobachtung wird die zeitliche Entwicklung eines Systems **angehalten**. Das stimmt allerdings nicht ganz, denn in Wirklichkeit wissen wir einfach nicht, wie sich das System nach der Beobachtung weiter entwickelt, weil wir dazu eine neue Messung bräuchten. In der Quantenphysik hangeln wir uns sozusagen von Messung zu Messung durch die Geschichte eines Systems.

Nun kommt folgende Überlegung: Ein radioaktives Atom hat eine bestimmte Wahrscheinlichkeit zu zerfallen, was wir in die Zeit übersetzen können: Es zerfällt (mit großer Wahrscheinlichkeit, im Durchschnitt, über viele Versuche hinweg) in einer Zeit, die von seiner Zerfallswahrscheinlichkeit abhängt. Beobachten wir das

Teilchen und stellen wir fest, dass es noch nicht zerfallen ist, dann setzen wir nach den Gesetzen der Quantenphysik seine zeitliche Entwicklung wieder auf null. Die Uhr des Zerfalls wird zurückgestellt, das Teilchen fängt von vorne an und kann so durch ständige Beobachtung auf unbestimmte Zeit am Leben erhalten werden, jedenfalls weit über seine durchschnittliche Lebenszeit hinaus.

Als erster hat der Computer-Wissenschaftler und Geheimschriften-Entzifferer ALAN TURIN 1954 den Effekt beschrieben. Tatsächlich haben Wissenschaftler ihn inzwischen beobachtet: Er wurde 1989 von DAVID J. WINELAND und 2001 von MARK G. RAIZEN experimentell bestätigt.

Zurück zum augenblicklichen Zusammenbruch überlagerter Zustände. Der Kollaps oder die Reduktion der Wellenfunktion wurden eingeführt von Heisenberg und "kanonisiert" (als unverrückbares Dogma deklariert) von Neumann. Interessant: Mara Beller (siehe Literaturliste) meint, Heisenberg wäre zu diesem Begriff über einen deutschen Philosophen gekommen: JOHANN GOTTLIEB FICHTE (1762–1814). Der hatte von einer "Selbstbeschränkung des Ich" gesprochen, was nach Heisenberg eine Beschränkung der möglichen Zustände bedeutet. Der Kollaps verschwindet in den "Dekohärenztheorien", weil dort das Gesamtsystem Quantensystem + Beobachter in die Formeln einfließt. Infolge der (für Quantenobjekte gigantischen) Störung durch Wärme und andere äußere Einflüsse verschwindet die Überlagerung sehr schnell, aber immerhin in endlicher Zeit. Den Kollaps gibt es in der kausalen Quantenphysik von Bohm überhaupt nicht, denn dort kommen keine Messungen vor, keine statistischen Ensembles, keine Wahrscheinlichkeitsaussagen.

Eines ist den frühen Entwicklern der Quantenphysik gemeinsam: Sie trennten das Geschehen der Makrowelt strikt von den Erscheinungen der Mikrowelt. In der Makrowelt braucht alles seine Zeit, in der Mikrowelt nicht. Das gilt natürlich auch für den **Quantensprung,** den Heisenberg explizit eingeführt und Schrödinger ebenso explizit abgelehnt hat. Schrödinger hat sich vehement gegen den akausalen und plötzlichen Quantensprung gewehrt: *"Wenn es doch bei dieser verdammten Quantenspringerei bleiben soll, so bedaure ich, mich überhaupt jemals mit der Quantentheorie abgegeben zu haben."* Doch inzwischen haben Forscher sogar die Zeit gemessen, die ein Elektron für den Sprung von einer Schale auf eine untere braucht - und den Sprung nicht nur aufgehalten, sondern sogar umgekehrt!

MICHEL H. DEVORET und seinem Schüler ZLATKO KRISTEV MINEV von der Yale-Universität gelang das scheinbar Unmögliche. Sie konnten in einem Supraleiter den "Flug" eines Elektrons vom Grundzustand in einen höheren Energiezustand beobachten (er dauerte einige Mikrosekunden), anhalten und wieder umkehren. Für die Autoren stützt das Experiment eindeutig die deterministische, kausale Quantenphysik von David Bohm.

SCHRÖDINGER, ERWIN: Are there quantum jumps? The British Journal of the Philosophy of Science, 3(10) 1952, 478–502

ZLATKO KRISTEV MINEV: Catching and Reversing a Quantum Jump Mid-Flight. 27 Feb 2019

Die Bra-Ket-Schreibweise

$$\langle B|A\rangle^* = \langle A|B\rangle$$

*A ist ein **Zustand**, der durch B beobachtet (**gemessen**) wird. Der * bedeutet seine 'Adjungierung', bei der das Vorzeichen in den imaginären Teilchen vertauscht wird, was zu erheblichen Konsequenzen der Interpretation führt, da diese Operation eine **Zeitumkehr** bedeutet. Die Diracsche Schreibweise ist unabhängig vom verwendeten System (Heisenberg oder Schrödinger).*

Die Wissenschaft beschreibt, ganz allgemein betrachtet, **Systeme**, deren Komponenten, deren Eigenschaften, deren Veränderung mit der Zeit. Ein typisches System der klassischen Physik stellt ein Gas dar, das man durch drei Parameter beschreiben kann: Druck, Volumen und Temperatur, wobei zwei Größen genügen, denn die dritte ergibt sich aus der Gasgleichung. Jede dieser Größen mit den Symbolen p, V und T, kann im Prinzip unendlich viele Werte einnehmen, theoretisch sogar von null bis unendlich. Diese Parameter sind **kontinuierliche** oder **stetige** Größen.

In der Quantenphysik kann eine Zustandsgröße wie Frequenz, Energie oder Drehimpuls nur bestimmte, voneinander unterscheidbare Werte annehmen, durchaus unendlich viele, aber eben abzählbar. Man nennt diese Parameter daher **diskret** (unterscheidbar) oder **gequantelt** (zerteilt). Dass es sozusagen weniger Möglichkeiten gibt als im Fall kontinuierlicher Größen, macht die Sache aber nicht einfacher. Denn die stetigen Größen der klassischen Physik werden durch eine einzige Variable gekennzeichnet (z.B. p), die diskreten Größen der Quantenphysik aber durch einen Vektor, genauer durch einen **Spaltenvektor**. Und den darzustellen ist rein typografisch schwicrig, dcnn cr sicht so aus:

$$\vec{a} = \begin{pmatrix} a_1 \\ a_2 \\ \cdots \\ a_n \end{pmatrix}$$

Ein einfaches Beispiel: Ein Elektron kann durch seinen **Spin** charakterisiert werden, und der hat nur zwei mögliche Werte, "auf" ($\uparrow$) und "ab" ($\downarrow$). So kann man das System "Elektron" durch diesen Vektor charakterisieren:

$$\vec{e} = \begin{pmatrix} \uparrow \\ \downarrow \end{pmatrix}$$

Der Zustand eines Systems kann sich mit der Zeit oder durch eine Messung ändern. Solche Änderungen geschehen durch **Operatoren**, die in der Matrizenmechanik - der Name sagt's ja - durch eine Matrix dargestellt werden:

$$A = \begin{pmatrix} a_1b_1 & a_1b_2 & \cdots & a_1b_n \\ a_2b_1 & a_2b_2 & \cdots & a_2b_n \\ & \cdots & \\ a_nb_1 & a_nb_2 & \cdots & a_nb_n \end{pmatrix}$$

Um Vektoren (Zustandsbeschreibungen) und Operatoren (Zustandsveränderungen) rein typografisch zu unterscheiden, haben wir hier für Vektoren Kleinbuchstaben verwendet, für Matrizen Großbuchstaben. Andere Autoren machen das anders; sie verwenden beispielsweise lateinische Großbuchstaben für Zustandsvektoren und griechische Kleinbuchstaben für Operatormatrizen. Wie auch immer, es geht uns jetzt um die Multiplikation von Vektoren mit Vektoren, von Vektoren mit Matrizen, von Matrizen untereinander, alles nach den Regeln der mathematischen Matrizenrechnung. Die wollen wir hier aber nicht behandeln, nur das Resultat aufschreiben. Aber jetzt zu Diracs großer Vereinfachung.

Dirac verwendet für seine Schreibweise die spitzen Klammern "$\langle$" und "$\rangle$", die im englischen "bracket" heißen. Stellt er etwas mit der linken spitzen Klammer dar, nennt er das Gebilde also "bra"; stellt er etwas mit der rechten spitzen Klammer dar, nennt er das Gebilde "ket". In seiner Notation wird ein physikalischer Zustand, meist repräsentiert durch die Schrödingersche Ψ-Funktion, durch einen "ket" gekennzeichnet: $|a\rangle$ ("ket-a"), und das ist ein Spaltenvektor, wie oben beschrieben. Allerdings sind aus Gründen, auf die wir anderswo eingehen (bei der Bohmschen Mechanik), die Bestandteile eines quantenphysikalischen Zustandsvektors komplexe Zahlen, also Zahlen der Form a+bi, mit i=$\sqrt{-1}$. Das ist wichtig für spätere Deutungen. Denn zu jeder komplexen Zahl z=a+bi kann man die **konjugiert-komplexe** Zahl z^*=a-bi bilden, das ist die Zahl mit einer Spiegelung an der reellen Achse:

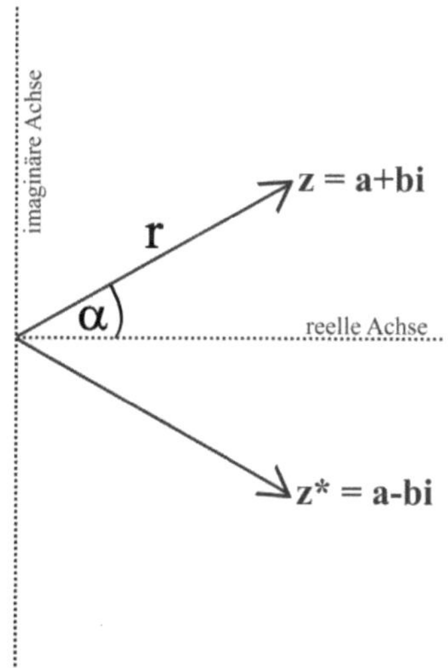

Noch einfacher wird die Sache, wenn man z durch Polarkoordinaten darstellt. Ist r die Länge der Zahl, dann gilt:

$a = r \cdot \cos(\alpha)$, $b = r \cdot i \cdot \sin(\alpha)$, oder $z = r \cdot e^{i\alpha}$ und $z^* = r \cdot e^{-i\alpha}$

Der Realteil bleibt dabei gleich, denn $\cos(-\alpha) = \cos(\alpha)$. Diese Darstellung wird wichtig bei der Konkretisierung eines Vektors als Welle!

Der konjugiert-komplexe Vektor, auch als "adjungierter" Vektor bezeichnet, ist dann ein **Zeilenvektor**:

$$\vec{a}^{\,*} = \begin{pmatrix} a_1^* & a_2^* & \cdots & a_n^* \end{pmatrix}$$

In der Darstellung wird aus dem "ket" ein "bra":

$$\langle a| \quad (\text{"a-bra"}) = |a\rangle^*$$

Das innere Produkt sieht dann so aus: $\langle a|b\rangle = (\mathbf{a}^*)\circ\mathbf{b}$:

$$\langle a|b\rangle = (a_1{}^*)b_1 + (a_2{}^*)b_2 + \ldots$$

Das ist aber auch gleich (wie man durch ausmultiplizieren erkennen kann):

$$\langle b|a\rangle^* = (b_1{}^*)a_1 + (b_2{}^*)a_2 + \ldots$$

Wie wir schon im Kapitel über Matrizenmechanik erklärt haben, ist das innere Produkt zweier Vektoren eine Art Ähnlichkeitsmaß. Und das innere Produkt von *a* mit sich selbst, also $\langle a|a\rangle$, ist eine gewöhnliche Zahl, nämlich das Quadrat des Betrags (der Länge) des Vektors: $\langle a|a\rangle = |a|^2$

Entscheidend ist neben der Mathematik natürlich die *Interpretation* der Größen. Da gibt es zwei Deutungen:

(1) *a* und *b* sind Zustände, und das innere Produkt $\langle a|b\rangle$ weist auf ihre Ähnlichkeit hin. In der Literatur (auch in Lehrbüchern) muss man lange suchen, bis man die richtige Deutung dieses Ausdrucks in der Quantenphysik findet: Er bedeutet den Übergang des Ausgangszustands *b* in den Endzustand *a*. Weil sich in der Quantenphysik die Deutung der ψ-Funktion als "Wahrscheinlichkeitswelle" durchgesetzt hat, die aber nur eine rein mathematische Bedeutung besitzt, müssen wir zum Quadrat übergehen. Und dann ist $|\langle a|b\rangle|^2$ die Wahrscheinlichkeit, dass der Zustand *a* in den Zustand *b* übergeht. Es handelt sich also, wieder einmal, um eine Übergangswahrscheinlichkeit, die man in diesem Fall auch "bedingte Wahrscheinlichkeit" nennt und so hinschreibt:

$$W_a(b) \quad \text{oder} \quad W(b|a) \quad (\text{"die durch } a \text{ bedingte W. von } b\text{"})$$

a liegt also in der Gegenwart, *b* in der Zukunft. Weil aber $\langle a|b \rangle$ = $\langle b|a \rangle^*$ und das Quadrat in beiden Fällen gleich ist, kann man die Deutung auch umkehren. Das wird wichtig bei der Besprechung der mystischen Ideen von FRED ALAN WOLF. Vorher aber noch eine erstaunliche Erkenntnis bezüglich der *-Operation, also der Spiegelung an der reellen Achse, die bei der Kombination von Zuständen so wichtig ist.

(2) Im Ausdruck <b|a> ist *a* ein Zustand, *b* seine Beobachtung, was zeitlich wieder mit Deutung (1) übereinstimmt, denn erst kommt der (Anfangs-)Zustand *a*, dann, später, seine Beobachtung *b*. Vertauscht man aber *a* und *b*, was rein mathematisch möglich ist, weil das innere Produkt nicht von der Reihenfolge seiner Faktoren abhängt, dann ergeben sich ganz seltsame Deutungen, die wir ausführlich im Kapitel über mystische Physik besprechen.

Wir werden jetzt einen Hauch konkreter und identifizieren die beiden Zustände mit **Wellen**. Eine Welle wird am besten so beschrieben:

$$u = u_0 \sin \omega(t\text{-}x/c) \quad \text{(FRESNEL 1820)}$$

Dabei ist *u* die Auslenkung (die Größe) der Welle am Ort *x* zur Zeit *t*, u_0 die Amplitude, also die größte Auslenkung der Schwingung, *c* die Geschwindigkeit der Welle, *x* ist die jeweilige Entfernung vom Nullpunkt, ω die "Kreisfrequenz" (= $2\pi\nu$), und *t* die Zeit. Das Minuszeichen kommt daher, dass sich die Welle nach rechts bewegt und wir den Sinus-Charakter der Welle am Punkt x=0 beschreiben. Eine solche Welle nennt der Physiker **retardierte Welle**, was nichts mit ihrem Geisteszustand zu tun hat, sondern mit der Tatsache, dass in der Formel der Zustand zur Zeit *t*=0 vorkommt, die Beschreibung der Welle also aus der Vergangenheit erfolgt.

Jetzt kann man rein formal "x" durch "-x" ersetzen. Dann erhalten wir die Formel

$$u = u_0 \sin \omega(t\text{+}x/c)$$

und das ist eine *ein*laufende (retardierte) Welle, die von außen kommt und beim Nullpunkt endet:

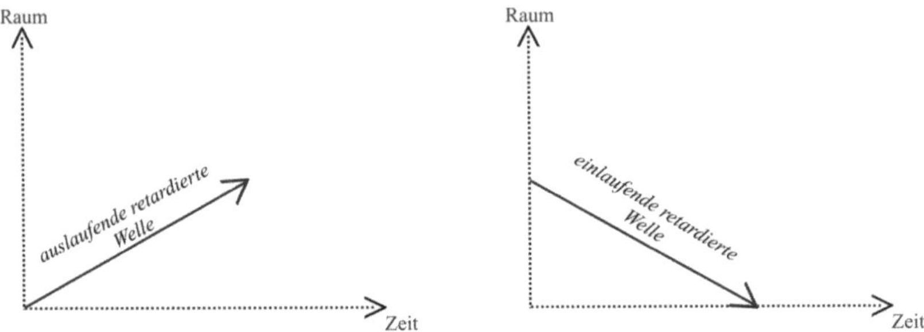

Interessant wird die Sache, wenn wir auch die Zeit *t* umdrehen, also *t* durch *-t* ersetzen:

$$u = u_0 \sin \omega(-t+x/c) = u_0 \sin \omega(-(t-x/c))$$

Hier wird der Zustand *von der Zukunft aus* beschrieben, die Interpretation ist seltsam: Es handelt sich um eine Welle, die aus der Zukunft und aus der Ferne kommt, eine Vorstellung, die unseren Ideen von Kausalität völlig widerspricht. Man nennt eine solche Welle **avanciert**, und man kann sie etwa so darstellen:

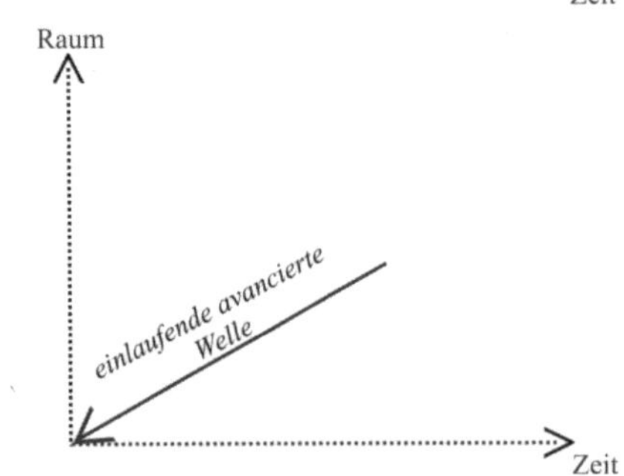

Eine Welle kann auch anders dargestellt werden. Da sie aus Sinusschwingungen, aus Kosinusschwingungen oder aus der beliebigen Kombination von beiden bestehen kann, haben sich die Physiker darauf geeinigt, die Eulersche Formel anzuwenden:

$$e^{ix} = \cos(x) + i\,\sin(x), \text{ mit } i=\sqrt{-1},$$

und eine Welle hat dann die mathematische Form $u = u_0\, e^{i\omega(t-x/c)}$.

In dieser Gleichung sind zwei Gleichungen enthalten, eine für den reellen Teil (cos), eine für den imaginären (sin), die man dann wieder getrennt behandelt.

Jetzt kommt wieder die Quantenphysik ins Spiel: Wir müssen für das innere Produkt, also für die Berechnung von (Übergangs-) Wahrscheinlichkeiten die konjugiert-komplexe Zahl bilden, also i" durch "-i" ersetzen. Machen wir das bei der Welle, ergibt sich die konjugiert-komplexe Zahl zu

$$u^* = u_0\, e^{-i\omega(t-x/c)}$$

Dieser Ausdruck entspricht genau der avancierten Welle, die sich auf den Nullpunkt zu bewegt und in der Zeit rückwärts läuft, also aus der Zukunft kommt!

Aber was bedeutet das für die Interpretation der Diracschen Ausdrücke? Es bedeutet: Der Ausgangszustand *a* ist eine normale Welle, die auf die übliche Weise nach außen und in die Zukunft wandert. Der Endzustand *b* dagegen ist eine Welle, die aus der Zukunft kommt und auf uns zuläuft. Was man interpretieren könnte als: Die Zukunft steht schon irgendwie fest, oder sie beeinflusst auf seltsame Art die Vergangenheit. Wobei die Sache noch komplizierter wird, weil man für die Berechnung der Wahrscheinlichkeit *a* und *b* auch vertauschen kann.

JOHN G. CRAMER hat 1980 diese Ideen ausgebaut und eine bereits 1945 publizierte klassische Theorie von WHEELER und FEYNMAN für die Quantenphysik bearbeitet, wozu ihm allerdings die Schrödingergleichung nicht reichte. Er verwendete die Diracgleichung mit ihren negativen Energien. Wheeler und Feynman hatten sich ein Universum ausgedacht, in dem es überall und jederzeit retardierte (in die Zukunft wandernde) und avancierte (aus der Zukunft kommende) Wellen gibt. Sie treffen sich im Hier und Jetzt und schütteln einander sozusagen die Hand, weshalb sie ihre Welt das "Handschlag-Universum" nannten. Cramer tat das Gleiche für die Quantenphysik, nannte seine Deutung "Transaktions-Interpretation" und entdeckte Erstaunliches: Die geheimnisvolle Verschränkung braucht keine überlichtschnelle Verbindung, denn die Information wird mit Lichtgeschwindigkeit aus der Zukunft übermittelt. Die geheimnisvolle Ψ-Welle ist eine ganz reale elektromagnetische Welle, es gibt (und braucht) keinen Kollaps und auch alle anderen Paradoxien verschwinden.

*Das Handschlag-Universum: Eine Welle **in** die Zukunft (Ψ) und eine **aus** der Zukunft (Ψ^*) treffen sich im Hier und Jetzt und schütteln einander sozusagen die Hand.*

→ Mystische Physik, Quantenphysik und Bewusstsein

Mathematiker und Physiker

*Gödel, der Mathematiker, und Einstein, der Physiker, waren beste Freunde. Dennoch gingen sie auf völlig unterschiedliche Weise an Probleme ihrer Zunft heran: Gödel **dachte**, Einstein **rechnete**.*

Unter den Großen der Quantenphysik findet sich nur ein Mathematiker: JOHN VON NEUMANN. Alle anderen waren Physiker mit teils exzellenten mathematischen Fähigkeiten (DIRAC, WITTEN). Aber sie behandelten ihre Probleme (auch die mathematischen) ganz anders als die Mathematiker, die ihnen gelegentlich behilflich waren. So fand der an physikalischen Fragen stets sehr interessierte große Göttinger Mathematiker DAVID HILBERT das "fehlende Glied" in Einsteins Allgemeiner Relativitätstheorie, und die Theorie der "Hilbert-Räume" wurde zur offiziellen und exakten Grundlage der modernen Quantenphysik. Worin liegt nun der Unterschied?

Für Physiker ist die Mathematik eine Hilfswissenschaft, die sie benutzen, wenn es nützlich erscheint, und dann auf ihre Art. Was mich beim Physikstudium am Anfang am meisten schockierte, war die Methode, wie Physiker Gleichungen für Naturvorgänge aufstellten. Da wurde eine

Formel gefunden, die sich nicht integrieren ließ oder dem Entdecker zu kompliziert erschien. Also verwandelte er die Funktion nach dem Satz von Taylor in eine unendliche Reihe, von der er nur das erste Glied nahm. Wenn ihm das auch noch zu kompliziert war, entwickelte er dieses Glied nach dem Satz von Taylor in eine unendliche Reihe, von der er möglicherweise auch nur das erste Glied nahm. Wenn dann ... siehe oben. Mathematiker machen Ähnliches, aber nur dann, wenn sie den Fehler beim Weglassen mancher Glieder abschätzen können.

Für Physiker ist das entscheidende Kriterium die **Wirklichkeit**, mit der mathematische Voraussagen übereinstimmen sollen. Für den Mathematiker sind innere **Widerspruchsfreiheit** und exakte **Beweisbarkeit** Kriterien, ohne die er nicht auskommt bzw. anerkannt wird. Ob und wie seine Gebilde mit der Wirklichkeit zu tun haben, interessiert ihn wenig. Einer, der in drei Bereichen zu Hause war, in der Mathematik, in der Physik und in den Ingenieurwissenschaften, nämlich P.A.M. DIRAC, hat den Unterschied sehr schön formuliert:

Der Mathematiker spielt ein Spiel, dessen Regeln er selbst bestimmt. Der Physiker spielt ein Spiel, dessen Regeln die Natur bestimmt. ... Das Hauptproblem des Ingenieurs liegt in der Entscheidung, welche Näherungen er machen darf.

So erscheinen dem Physiker die Mathematiker als überflüssig pingelige Umstandskrämer; dem Mathematiker erscheinen Physiker als schlampige Opportunisten.

Der wirklich große Unterschied aber liegt in der Einstellung zur *Symmetrie*. Einem Physiker bereitet es beinahe körperliches Unwohlsein, wenn er etwas Asymmetrisches sieht oder gar bearbeiten muss. Beispiel EINSTEIN: Zehn Jahre lang suchte er nach der richtigen Formel für seine "Feldgleichungen der Gravitation", sprich: für seine "Weltformel" innerhalb der Allgemeinen Relativitätstheorie. Sie sollte, ganz allgemein gesagt, so aussehen: "A = B". Erst als HILBERT, ein reiner Mathematiker, in Göttingen von Einsteins vergeblichen Versuchen erfuhr, setzte er sich ran und hatte in kurzer Zeit die richtige Formel gefunden, die da lautet (wiederum ganz allgemein): "A + x = B". Was zum Teufel soll das blöde 'x', das die Symmetrie der Gleichung so erheblich stört ??? Dem Mathematiker indes sind Symmetrien Forschungsobjekte, keine Leitmotive.

Den Unterschied zwischen den Denkweisen sehen wir am besten an einem Vorfall, der die beiden in unserer Illustration dargestellten Gelehrten betrifft. Als GÖDEL seinem besten Freund EINSTEIN in Princeton einen Gefallen tun wollte, überreichte er ihm zum Geburtstag ein besonderes Geschenk: eine Lösung seiner Gravitations-Feldgleichung. Das Gödelsche Weltall drehte sich um eine Achse in einem vierdimensionalen Universum. In dieser Lösung gab es "in sich geschlossene zeitartige Geodätische". Auf Deutsch: Wer lang genug ins Weltall reist, kommt in seiner eigenen Vergangenheit an.

Einstein war entsetzt: Mit Zeitreisen in die Vergangenheit sind all jene Paradoxien möglich, von denen Sciencefiction-Autoren leben. Diese Paradoxien sind logischer Natur und nicht zu lösen (siehe mein Buch "Zeitreisen. Fakten & Fiktionen"). Gödel wiederum verstand die Aufregung nicht: Wenn seine Gleichungen stimmen, dann gibt es eben Zeitreisen. Na und? Gödel hatte sein ganzes mathematisches Forscherleben als Gratwanderung zwischen der Sicherheit konsistenter Theorien und dem Abgrund logischer Widersprüche erlebt, und er war diesen Grat immer bewusst entlanggetänzelt. Dann gibt es eben Zeitreisen; praktisch sind sie kaum durchführbar, und überhaupt.

Noch ein anderes Beispiel: DIRAC und VON NEUMANN. Dirac hatte etwas gefunden, das für Physiker äußerst praktisch war und auch sogleich in großem Maß verwendet wurde: eine Erweiterung des Delta-Symbols auf kontinuierliche Vorgänge. Das Delta-Symbol (δ_{ik}) betrifft zwei inkompatible Zustände: Wenn $i=k$, dann ist δ_{ik} gleich 1, ansonsten gleich 0. Interpretiert man i und k als Aussagen, dann bedeutet δ_{ik} die und-Verknüpfung: Die Gesamtaussage ist nur dann wahr (Wert = 1), wenn beide wahr (oder identisch) sind, ansonsten falsch.

Um es kurz zu machen: Die Diracsche Deltafunktion ist gar keine Funktion, denn sie hat überall den Wert null, nur an einer Stelle den Wert unendlich. In diesem Sinn ist sie nicht definiert, also auch keine Funktion. Das Integral über das Produkt einer normalen Funktion zusammen mit Diracs Delta-was-auch-immer dagegen ist sinnvoll und äußerst nützlich. Soweit die Physiker.

Der einzige Mathematiker, der sich auch mit Quantenphysik beschäftigte, also JOHN VON NEUMANN, polemisierte heftig gegen Diracs Entdeckung. Das könne man nicht verwenden, das sei total unmathematisch. Einige Jahre später schuf der Mathematiker LAURENT SCHWARZ eine solide mathematische Grundlage für Diracs Entdeckung. Er nannte das Gebilde jetzt "Distribution" statt "Funktion" und fasste es in korrekte Axiome. Seitdem brauchen die Physiker bei ihrer Verwendung kein schlechtes Gewissen zu haben, das sie ohnedies nie hatten. So hätte also die "Pingeligkeit" eines Mathematikers den Fortschritt behindert, hätten die Physiker auf ihn gehört.

Heute gibt es tatsächlich mathematisch-physikalische Doppeltalente, wie etwa JOHN SCHWARZ, der zusammen mit MICHAEL GREEN die "Superstringtheorie" entwickelte. Ob die noch irgendetwas mit der Wirklichkeit zu tun hat (im Augenblick nicht) oder ein rein mathematisches Konstrukt darstellt, kann noch nicht entschieden werden. Auf jeden Fall sind die Schwarz-Green-Hypothesen von einer echten oder gar anschaulichen Wirklichkeit so weit entfernt wie die Energien, bei denen über sie entschieden werden könnte (und die wir in Teilchenbeschleunigern wahrscheinlich nie erreichen werden). Bleibt zu hoffen, dass weiterhin mathematisch gebildete, aber nüchterne Physiker die Physik vorantreiben und nicht wirklichkeitsferne, in Formeln verliebte Mathematiker!

Wie Bohm zu seinen Trajektorien kam

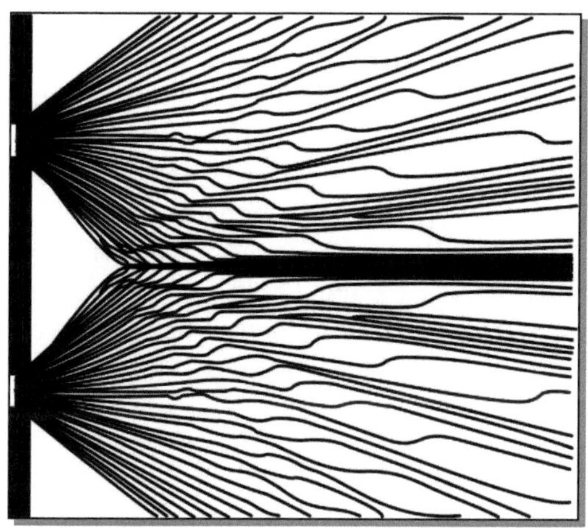

Bohms Trajektorien (Bahnen einzelner Teilchen) beim Doppelspaltversuch: Eine dicke Barriere zwischen beiden Spalten verhindert den Übergang von einem "Revier" ins andere.

Was macht der Maier/auf dem Himalaya fragt ein Unsinns-Schlager aus den 1920iger Jahren. In leichter Abwandlung können wir fragen: Was macht das "i", also die (nicht-existente) Wurzel aus minus eins, in einer Gleichung? Oder, um es mit einem schlechten Kalauer neu zu formulieren: *To i or not to i, that is the question.* Mit dieser Frage wollen wir uns hier beschäftigen.

Wer die Schrödingersche Wellengleichung unvoreingenommen betrachtet, macht eine erstaunliche Feststellung: Sie ist gar keine Wellen-, sondern eine *Strömungs-* oder Diffusionsgleichung. Wenn nämlich nur *einmal* nach der Zeit abgeleitet wird, dann beschreibt diese Gleichung eine Strömung. Wie aber kann man mit einer Strömungsgleichung stehende Wellen berechnen? Die Antwort liegt in der imaginären Zahl "i", eine Größe, die in der Gleichung wesentlich vorkommt, also nicht willkürlich entfernt werden kann. Doch "i" in einer Gleichung - nicht in der Lösung! - ist in der Physik eigentlich nicht üblich. Wozu ist sie da und wie wird man sie los?

Wozu sie da ist, gehört zu den großen Geheimnissen der Beziehung zwischen Mathematik und Realität, zwischen den Dingen und ihrer Beschreibung. Schon in Heisenbergs Matrizen kommt "i" vor, ohne dort eine besondere Bedeutung zu haben (was heißt, dass alle Voraussagen der Matrizenmechanik ohne "i" die gleichen sind wie mit "i"). In der Wellenmechanik macht "i" aus einer Strömung eine Welle. Genauer gesagt: Die Strömung hat einen imaginären Diffusionskoeffizienten. Fragt sich also: Was strömt denn da? Offenbar ψ, um diese Größe geht es ja. Und psi ist eine Art Wahrscheinlichkeitsstrom, was immer das ist.

Rein mathematisch werden durch "i" in der Gleichung stehende Wellen möglich, aber keineswegs alle möglichen Wellen. Weil in der Schrödingergleichung die Variable (ψ) nur einmal nach der Zeit abgeleitet wird, ergeben sich aus ihr auch nur die sonst üblichen "retardierten" Wellen, nicht aber die "avancierten". (Mehr dazu im Kapitel über die bra-ket-Schreibweise). Doch deren Kombination führt zu höchst interessanten Möglichkeiten, unter anderem zu einer zeitlosen Beschreibung der Welt - genau das, was die statistische Interpretation der ψ-Funktion durch ihr Quadrat aussagt. Denn im Quadrat verschwinden sowohl Zeit als auch alle imaginären Größen. Dass in seiner Gleichung mehr steckt, ahnte auch schon Schrödinger, weshalb er diese umzuformen versuchte. Aber erst viel später, nämlich 1986, führte JOHN CRAMER das Programm durch und errechnete eine stehende Welle zwischen einem Beobachter in der Vergangenheit und dem gleichen Beobachter in der Zukunft. Mehr dazu im Kapitel über "Physik und Bewusstsein".

Zurück zu "i" und den Versuchen, sie zu eliminieren. Die einfachste Methode liegt in der Trennung von Real- und Imaginärteil, ein Verfahren, das allgemein üblich ist und das schon ERNST MADELUNG 1926 (im Jahr der Entdeckung der Schrödingergleichung) durchgeführt hatte. Aber damals achtete niemand auf ihn. Denn die

Größe i = √-1, die Einheit der imaginären Zahlen, sollte weder in einer Gleichung noch in einer Lösung vorkommen. Die Welt ist real, nicht imaginär. Allerdings bedienen sich die Physiker eines mathematischen Tricks, um Lösungen einer Gleichung zusammen zu fassen, vor allem, wenn es um Wellen geht, nämlich die Identität

$$e^{ix} = \cos(x) + i \cdot \sin(x)$$

Das wird so interpretiert: Eine Gleichung hat zwei aufeinander senkrecht stehende Lösungen, eine Kosinus-Welle und eine Sinus-Welle. Das ist beispielsweise bei elektromagnetischen Wellen der Fall, die aus einer elektrischen und einer dazu senkrechten magnetischen Komponente bestehen. Genau das erreicht die geometrische Interpretation der Multiplikation einer Zahl mit "i": Sie steht in der Gaußschen Zahlenebene senkrecht zu den rein reellen Zahlen. Also bedeutet diese Zusammenfassung (e^{ix}) nichts anderes als: Es sind zwei Wellen vorhanden, mehr nicht. Und der Term hinter dem "i" (hier nur als "x" bezeichnet) gibt die raumzeitliche Entwicklung der Welle sowie ihre **Phase** an, das ist der Abstand zum zeitlichen Nullpunkt der Beschreibung. Diese "Phase" scheint auch eine besondere Bedeutung in der Quantenphysik zu haben, sonst gäbe es dort ja kein "i", aber eine anschauliche Deutung steht noch aus.

Erscheint in der Schrödingergleichung ein "i", dann sollte dies nur als Zusammenfassung zweier Gleichungen gelten. Also sollte man sie in den Real- und den Imaginärteil zerlegen. Führt man dieses Programm durch, dann ergeben sich zwei Gleichungen, eine Kontinuitätsgleichung für den Wahrscheinlichkeitsstrom (also eine Strömungsgleichung), und eine mit einem neuen Energiepotenzial, das BOHM "Quantenpotenzial" nannte und das eine merkwürdige Form aufweist: Es nimmt mit der Entfernung vom Ursprung nicht ab. Damit können dann Verbindungen durch das ganze Universum erklärt werden.

Ausgangspunkt ist die Schrödingergleichung, die wiederum eine Variante der Hamilton-Jacobi-Gleichung darstellt. Letztere stellt nach der Theorie von Hamilton eine Beziehung zwischen Wellen und Teilchen dar, nämlich zwischen Licht als Welle und Licht als Strahlung. Dabei ist der Lichtstrahl jeweils die Senkrechte zur Lichtwelle, oder, mathematisch ausgedrückt: $\mathbf{p}=\nabla S$, $\mathbf{p}$=Impuls des Lichtteilchens, also des Strahls, S=Phase der Lichtwelle, also bei konstantem S die Wellenoberfläche, ∇ ("Nabla") die Richtungsableitung.

Bohm nahm die Schrödingergleichung in dieser Form:

$$\frac{\partial \psi}{\partial t} = \frac{i\hbar}{2m}\,\Delta \psi + V\psi$$

und setzte für die unbestimmte Funktion Ψ eine konkrete Funktion ein, einen *Ansatz*:

$$\psi = R\,e^{i/\hbar S}$$

Dabei ist "R" die Amplitude der Ψ-Funktion, deren Quadrat stets gleich 1 sein muss, denn Ψ ist eine Art Wahrscheinlichkeitswelle, deren Quadrat dann die Wahrscheinlichkeit ergibt, und die kann nie größer als 1 sein. "S" ist die Phase der Ψ-Funktion, also die Wellenfläche zu einer bestimmten Zeit. Sie wird auch *Wirkungsfunktion* genannt, weil sie die physikalische Dimension einer Wirkung (Energie mal Zeit) besitzt.

Jetzt brauchen wir noch einige Definitionen. Für die Dichte der Wahrscheinlichkeitswellen ϱ gilt: $\varrho=|\Psi|^2$, das ist die Aufenthaltswahrscheinlichkeit eines Teilchens (Quantengleichgewichtshypothese), und der "Wahrscheinlichkeitsstrom" $\mathbf{j} = \varrho v = \varrho\cdot \mathbf{p}/m$. Nach Einsetzen des Ansatzes und Trennen in Realteil und Imaginärteil ergibt sich für ersteren die Gleichung:

$\partial\varrho/\partial t+\nabla°\mathbf{j}=0$, und das ist nichts anderes als die Kontinuitätsgleichung für den Wahrscheinlichkeitsstrom $\mathbf{j}$. Interessanter ist der

Imaginärteil, denn er liefert eine Art Bewegungsgleichung für die Welle S:

$$-\frac{\partial S}{\partial t} = V + \frac{1}{2m}(\nabla S)^2 - \frac{\hbar^2}{2m}\frac{\Delta R}{R}$$

Der erste Term rechts ist das Potenzial für die Ruhe-Energie. Der zweite Term, wenn ausgeführt, gibt die kinetische Energie ($mv^2/2$). Der dritte Teil ist etwas Neues. Bohm nannte diesen Term das "Quantenpotenzial". Bemerkenswert daran: Seine Stärke hängt nicht von der Entfernung an, denn R kommt auch im Nenner vor. Man kann die Gleichung also auch so schreiben:

$$-\partial S/\partial t = V_{pot} + V_{kin} + U_{quant}, \quad \text{mit } U = -\hbar^2/2m \cdot \Delta R/R$$

Aus diesen Beziehungen ergeben sich die

Führungsgleichung: $v = \nabla S/m$,

die Trajektorien (**Bahnen**) von Teilchen: $dx/dt = v$,

und eine **Bewegungsgleichung**: $m \cdot d^2x/dt^2 = -\nabla(V + U_{quant})$

Die sieht aus wie die Newtonsche Bewegungsgleichung mit Zusatzglied, dem **Quantenpotenzial**.

Wenn *R*, also die Aufenthaltswahrscheinlichkeit für Teilchen, gegen 0 geht, wird, weil *R* im Nenner steht, das Quantenpotenzial unendlich groß. Das bedeutet: Die Barriere gegen den Durchgang von Teilchen wird unendlich und damit unüberwindbar. In der Mitte eines Doppelspaltschirms ist dies der Fall, sodass die Teilchen (egal, ob Fotonen oder Elektronen) die Mitte nicht überschreiten und stets auf der Seite des Spalts bleiben, durch den sie getreten sind (siehe das farbige Bild im Kapitel "Der Doppelspaltversuch")).

Die Bohmsche Theorie, die sich ganz natürlich aus der Schrödingergleichung ergibt, kann gegenüber anderen Interpretationen mit einigen Vorteilen aufwarten:

- Sie ist realistisch. Teilchen existieren und bleiben auch Teilchen, ihre Bahnen sind zu jeder Zeit berechenbar.

- Sie ist deterministisch. Aus Anfangsbedingungen können Position und Geschwindigkeit der vorhandenen Quantenobjekte exakt berechnet werden.

- Sie kommt mit einem Minimum an ungewohnten Vorstellungen aus. Ihr Benutzer muss nur akzeptieren, dass manche Wirkungen sich wesentlich schneller als Licht fortpflanzen. Das aber scheint auch bei Schwerkraft und elektrischen und magnetischen Kräften der Fall sein, eine Fragestellung, die von der orthodoxen Physik allerdings niemals behandelt wird.

- Sie braucht keine Unschärfe/Unbestimmtheit/Unsicherheit.

- Sie kann paradoxe Erscheinungen ganz natürlich erklären, z.B. "Interferenzen mit sich selbst" bei Doppelspaltversuchen mit Einzelteilchen, oder die seltsamen Vorgänge beim Quantenradierer und den verzögerten Entscheidungen.

- Sie stimmt mit den Erkenntnissen der makroskopischen Quantenerscheinungen bei Wandertröpfchen überein, zeigt dadurch einen natürlichen Übergang von der Makro- zur Mikrowelt.

- Sie bietet eine eigenständige Philosophie, allein auf Grund ihrer natürlichen Konzepte (d.h., die Philosophie wird nicht von außen herangetragen). Diese Weltauffassung passt in unsere Zeit des vernetzten, ökologischen, ganzheitlichen Denkens.

- Für diejenigen, der dafür empfänglich sind, öffnet sie auf natürliche Weise einen Weg ins Spirituelle, Allumfassende, Universale.

Vertagte Entscheidungen

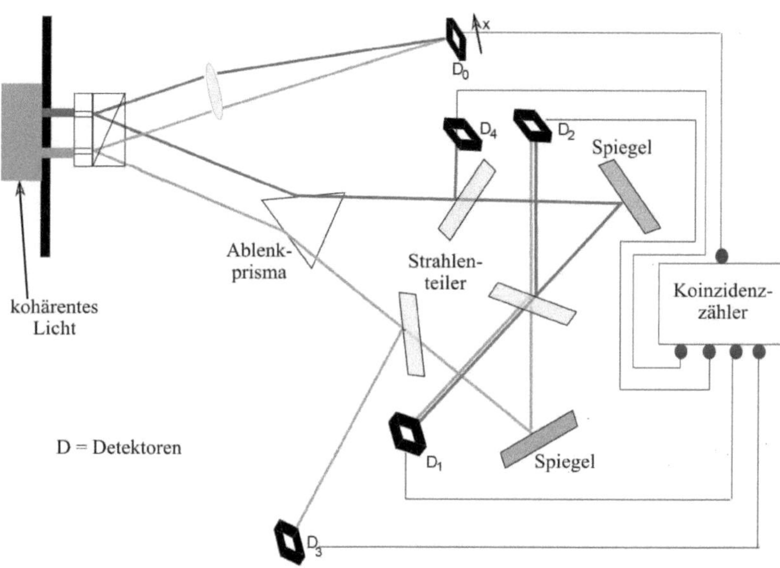

Aufbau für ein "Delayed-Choice"-Experiment - zu kompliziert zum Erklären!

Im Jahre 1978 dachte sich der Physiker JOHN ARCHIBALD WHEELER ein Gedankenexperiment aus, das später in den Labors der Quantenphysiker tatsächlich realisiert und weltweit kontrovers diskutiert wurde. Ausgangspunkt waren die Verhältnisse im Doppelspaltversuch, der aber in der einfachen Version der "vertagten oder aufgeschobenen Entscheidung" ("delayed choice") nicht benötigt wird. Beim Doppelspaltversuch kommt es darauf an, ob ein Spalt offen ist oder beide. Im ersten Fall verhält sich ein ankommendes Quantenobjekt wie ein Teilchen, im zweiten Fall wie eine Welle. Das Quantenobjekt muss also *wissen*, was vorliegt, und sich dann entsprechend *entscheiden*, welche Gestalt es annimmt, denn bekanntlich kann es ja beides sein. Die sehr menschliche Sprache zeigt schon, dass wir bald in die Bredouille kommen werden.

Denn nun greift der Experimentator auf teuflische Weise ein: Er verschließt den zweiten Spalt. Sobald aber das Quantenobjekt den ersten Spalt passiert hat und noch bevor es den dahinter liegenden Schirm erreicht, wird der zweite Spalt geöffnet - oder umgekehrt. Das Quantenobjekt *weiß*, was der Experimentator getan hat und verwandelt sich nach Passieren des Spalts von einem Teilchen in eine Welle (erst nur ein Spalt offen, dann beide) oder umgekehrt (erst beide Spalte offen, dann nur einer). Und was bedeutet das? Wie kann ein Foton oder ein Elektron so intelligent und so wandlungsfähig sein, eine nachträgliche menschliche Entscheidung zu *fühlen* und sich auch noch gemäß der Erwartung des Menschen zu verwandeln?

(1) Der Aufbau

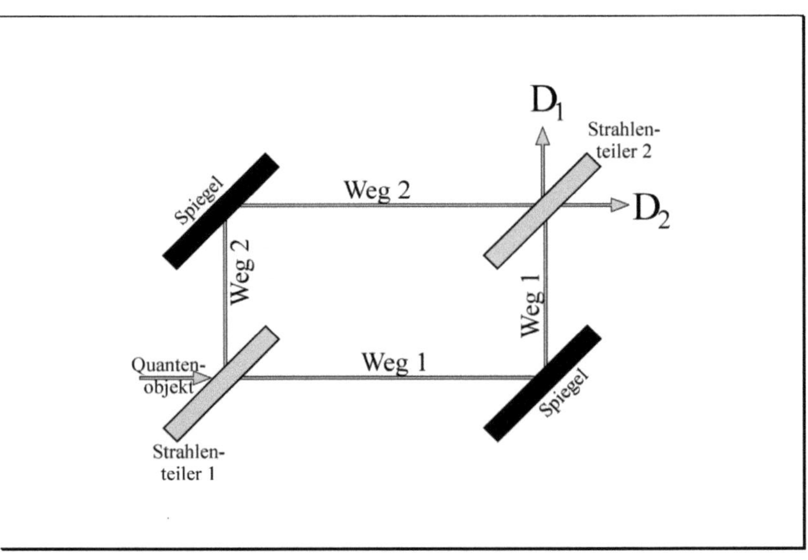

Versuchsaufbau: Ein Teilchen (links unten) geht einen der beiden Wege, eine Welle beide zugleich. Halbdurchlässige Spiegel ("Strahlenteiler") spalten die Welle oder bringen ein Zufallselement in die Bahn eines Teilchens. Strahlenteiler 2 kann entfernt werden.

Die Versuchsanordnung für diesen Versuch, den **Quantenradierer**, ist relativ einfach. Links unten kommt etwas an, was wir als *Quantenobjekt* bezeichnen. Die Wissenschaft ist sich keineswegs im Klaren, was ein Elektron, ein Foton oder eine Wahrscheinlichkeitswelle ist - Teilchen oder Welle, beides zugleich, keines von beiden? Deswegen wählen wir diesen neutralen Ausdruck. Links unten kommt also ein Quantenobjekt an, beispielsweise ein Lichtteilchen/eine Lichtwelle. Es durchläuft einen *Strahlenteiler*, das ist im einfachsten Fall ein halbdurchlässiger Spiegel. Der funktioniert so:

- Kommt dort ein Teilchenstrom an, wird er der Menge nach halbiert: Die eine Hälfe nimmt Weg 1, die andere Hälfte Weg 2.

- Kommt ein einzelnes Teilchen an, nimmt es mit gleicher Wahrscheinlichkeit Weg 1 oder Weg 2.

- Kommt eine Welle an, wird die ganze Welle auf beiden Wegen weiter geleitet, denn Wellen sind im Raum nicht lokalisiert. Dabei wird sie um 180° verschoben, was später nur bei Märchen 2 von Bedeutung ist.

Der zweite Strahlenteiler rechts oben kann eingeschoben oder entfernt werden. Im Versuch wird diese Entscheidung (einschieben oder entfernen) getroffen, *nachdem* das Quantenobjekt den ersten Strahlteiler passiert hat, aber *bevor* es den zweiten Strahlteiler (so vorhanden) erreicht. Das ist möglich, da bei diesem Versuch die Wegstrecke ca. 50 m beträgt und der Strahlteiler elektronisch hineingeschoben bzw. entfernt wird. D_1 und D_2 sind Detektoren, die das Eintreffen eines Teilchens registrieren bzw. das Interferenzmuster einer Welle aufzeichnen.

(2) Die Ergebnisse

Die sind ganz einfach und nicht sonderlich überraschend (siehe die Abbildlungen): Fehlt Strahlteiler 2, klickt es bei D_1 oder D_2, ein Teilchen ist angekommen. Ist Strahlteiler 2 vorhanden, registrieren die Detektoren das Überlagerungsmuster einer Welle.

Allerdings: *Wie* das Ergebnis zustande kommt, kann nur in Form eines Märchens aufgezeichnet werden. Was nicht heißt, dass die Ereignisse märchenhaft, also unwahr sind. Es heißt nur, dass rein physikalische Vorgänge erstaunlich anthropomorph beschrieben werden und offenbar auch beschrieben werden müssen.

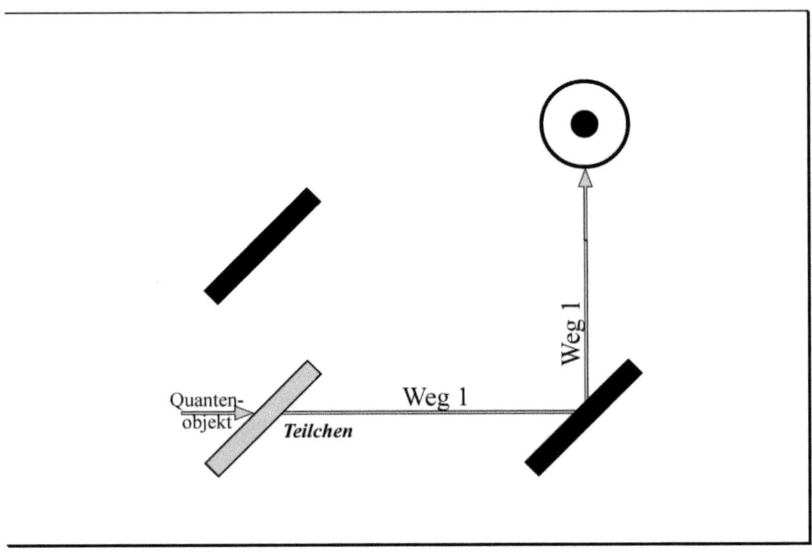

Ergebnis für ein Teilchen: Es schlägt (rein zufällig) Weg 1 ein und wird am Ende registriert.

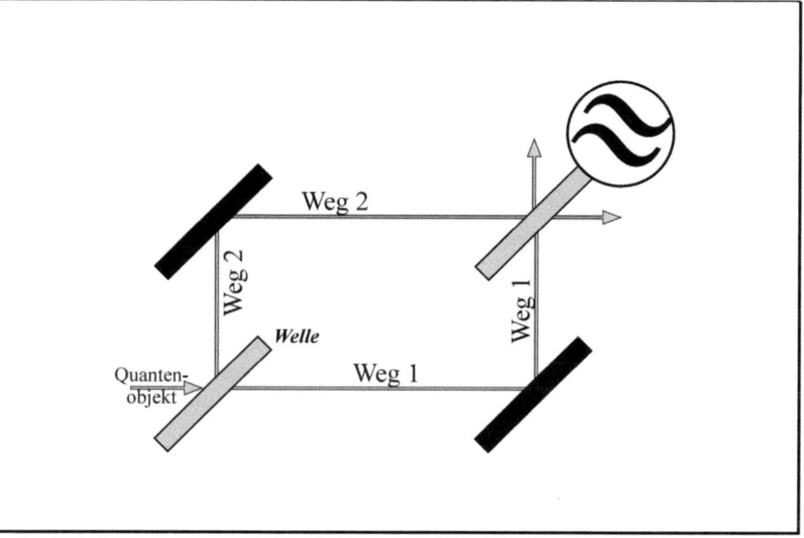

Ergebnis für eine Welle: Sie durchwandert beide Wege und führt zu Interferenzstreifen, die am Ende sichtbar werden.

(3) Das erste Märchen

Es war einmal ... ein Quantenobjekt, das sich auf Grund der später zu erfolgenden Messung entscheiden musste, ob es als Teilchen oder als Welle in Erscheinung treten würde. Die Entscheidung hängt davon ab, welche Information über das Quantenobjekt der Beobachter hat.

Erscheint das Objekt beim ersten Strahlteiler, muss es sich so verhalten, wie es die Wirklichkeit vorfindet: Es gibt keinen zweiten Strahlteiler (der ist ja noch nicht da), das Objekt zeigt sich als Teilchen und durchwandert Weg 1 oder Weg 2, zufällig gewählt. Würde die Versuchsanordnung so bleiben, könnte der Beobachter genau wissen, welchen Weg das Teilchen durchlaufen hat.

Nun aber schiebt der Beobachter den zweiten Strahlteiler ein. Damit verschwindet die "Welcher-Weg-Information" (die heißt

185

auch im Englischen so!). Das Objekt darf kein Teilchen mehr sein, denn die Information (Weg = Teilchen, Interferenzmuster = Welle) ist ja verschwunden. Also verwandelt sich das Teilchen flugs in eine Welle - eine zweite Entscheidung, die nach Auffassung der (orthodoxen) Quantenphysik nicht möglich ist.

Umgekehrt sieht die Sache ähnlich seltsam aus: Ist der zweite Strahlteiler vorhanden, kann der Beobachter nicht mehr sagen, welchen Weg das Objekt gegangen ist. Es kann von links oder von unten gekommen sein. In diesem Fall fehlt die "Welcher-Weg-Information", das Objekt kann nur noch als Welle wahrgenommen werden. Aber: Wird der Strahlteiler vor der Beobachtung entfernt, muss sich das in eine Welle verwandelte Objekt wieder in ein Teilchen umwandeln, denn jetzt kann sein Weg genau rekonstruiert werden, und das ist nur bei Teilchen möglich. Mit anderen Worten: Die *zukünftige Entscheidung* (zweiter Strahlteiler oder nicht) *beeinflusst die Vergangenheit* (das Objekt hat sich bei ersten Strahlteiler in ein Teilchen oder in eine Welle verwandelt). Die Zukunft bestimmt die Vergangenheit!

(4) Das zweite Märchen

Es war einmal ... ein Quantenobjekt, das immer aus zwei Teilen besteht: einem Teilchen, und einer Welle, die wesentlich schneller ist als das Teilchen. Was Probleme gibt, wenn es sich um ein Foton handelt, denn hier läuft das Teilchen schon mit der höchstmöglichen Geschwindigkeit, die im Kosmos möglich ist! Die Welle, auch *Führungswelle* genannt, weiß also viel mehr als das Teilchen und kann es sicher um alle Hindernisse herumleiten.

Fehlt Strahlteiler 2, kompensieren die beiden Wellenzüge einander und werden dadurch unsichtbar. Wir haben ja oben gesagt: Ein Strahlteiler verschiebt die Phase um 180°, dreht die Welle sozusagen um. So bleibt nur das Bild des Teilchens übrig. Ist Strahlteiler 2 vorhanden, wird die Welle nochmals um 180° phasenverschoben und kann dann mit sich selbst interferieren. Ein

Wellenbild wird sichtbar, das Teilchenbild verschwindet. *Wann* der zweite Strahlteiler eingefügt wird, ist dabei völlig belanglos.

Eine Variante des Märchens besteht darin, dass die Führungswelle anders heißt ("avancierte Welle"), sich nur mit Lichtgeschwindigkeit ausbreitet, aber aus der Zukunft kommt und damit natürlich weiß, was sich abspielen soll und abspielen wird.

(5) Die Erklärung

Der Leser darf wählen, welches Märchen ihm plausibler erscheint. Der Anhänger von Theorie 1 muss einige paradoxe Tatsachen akzeptieren: Beeinflussung aus der Zukunft, "menschliche" Entscheidungen des Quantenobjekts, die auch noch umgestoßen werden, eine gewisse Intelligenz des Quantenobjekts. Andrerseits muss der Anhänger der Theorie Nr. 2 akzeptieren, dass es Wellen gibt, die wesentlich schneller als Licht sind oder, wenn nicht, dann aus der Zukunft kommen. Zudem weiß niemand, wie diese Welle physikalisch realisiert sein soll und wie sie das Teilchen, sozusagen als Quanten-Schutzengel, mit sich führt.

Auffassung 1 ist diejenige der **orthodoxen Quantenphysik** (Bohr, Heisenberg et al.), wobei die Bezeichnung "orthodox" üblicherweise bestimmten Religionen vorbehalten ist. Sie nutzt die Schrödingergleichung, in der es weder Beobachter, noch Messungen, noch Informationen oder gar "Reduktionen der psi-Funktion" gibt. Diese Begriffe werden erst von außen (und, wie es scheint, auf recht willkürliche Wiese) hineingebracht. Ein Quantenobjekt existiert in dieser Auffassung nur dann, wenn es beobachtet wird, wobei sich die Gelehrten bis heute streiten, was eine Beobachtung ist.

Auffassung 2 ist diejenige der **kausalen Quantenphysik** (de Broglie, Bohm) oder der **Transaktionsinterpretation** (Cramer). Sie nutzt die in Real- und Imaginärteil aufgespaltene Schrödingergleichung (also zwei Gleichungen) bzw. die zwei Lösungen der Diracgleichung (retardierte und avancierte Welle). Beide

Interpretationen brauchen weder Beobachter noch Messungen noch den "Kollaps" der psi-Funktion. Teilchen sind dort real, werden aber immer von einer Welle begleitet, der Pilot- oder Führungswelle, oder von zwei Wellen geführt, der retardierten Welle in die Zukunft und der avancierten Welle aus der Zukunft.

Welche der beiden Auffassungen ist richtig? Da beide die gleichen Voraussagen liefern, fällt die Entscheidung schwer. Dennoch gibt es einen wesentlichen Unterschied der Prognosen: Beim Doppelspaltversuch werden die Bahnen der Teilchen von beiden Theorien völlig unterschiedlich berechnet. Solange man diese Bahnen nicht sehen kann, bleibt auch hier der Unterschied rein akademisch. Aber da diese Bahnen durch die sogenannte "schwache Messung" sichtbar gemacht werden können, wird eine Entscheidung doch möglich.

Und was sagte der Erfinder des Quantenradierers selbst dazu? Er meinte: *"Die Vergangenheit existiert nicht, außer, sie wird in der Gegenwart aufgezeichnet."* Sehr mystisch, in der Tat. Und der Spruch erinnert an das "Wahrheitsministerium" im Jahre 1984 des GEORGE ORWELL: Da wird die Vergangenheit nach Laune des Diktators willkürlich geändert, wie es in der Sowjetunion und in anderen Diktaturen ja auch wirklich geschah und noch geschieht.

Teleportation

Als GENE RODDENBERRY, Erfinder der überaus erfolgreichen Star-Trek-Serie, einmal gefragt wurde, wie denn sein "Teleporter" funktioniere, antwortete er: "Danke gut." Nicht sehr aufschlussreich. Mehr dazu kann ANTON ZEILINGER erzählen, der sein wissenschaftliches Leben der augenblicklichen Übertragung von Quantenobjekten ohne Transfer von Materie oder Energie widmet und auf einen Nobelpreis hofft. Zeilinger würde mit "Alice" und "Bob" beginnen, die eine auf der Erde, der andere auf Alpha Centauri VIII stationiert. Zum Übersenden eines Objekts von Alice zu Bob müssen sie zwei verschränkte Quantenpaare erzeugen, die sie aber nicht anschauen dürfen, sonst wird der Verschränkungszustand, auch "Kohärenz" genannt, sofort zerstört. Die weitere Vorgehensweise ist ziemlich kompliziert und bringt dem Laien wenig Erkenntnisse. Deswegen verzichten wir auf ihre Darlegung

Leider hält, nach bisheriger Technik dieser absolut notwendige "verschränkte" Zustand nur ein paar Mikrosekunden an, dann verschwindet die Verschränkung durch "Dekohärenz", d.h., sie löst sich infolge makroskopischer Störungen auf. Die bisherigen Versuche Zeilingers und seiner Kollegen brachten auch nur insgesamt fünf Fotonen per Teleportation über den Donaukanal (600 Meter), Tiefsttemperaturen nahe dem absoluten Nullpunkt vorausgesetzt. Zusätzlich muss noch ein konventioneller Kommunikationskanal eingerichtet werden, mit "augenblicklich" ist also nichts, auch wenn die Teleportation inzwischen von La Palma nach Teneriffa glückte.

Dazu kommt: Es geht nur in völligem Vakuum (Wie soll ein Mensch das aushalten?), und "*Jede winzige Störung von außen kann bewirken, dass die Tasse ohne Henkel ankommt.*" (Originalton Zeilinger). Oder der Mensch ohne Kopf. Außerdem: Das Original wird bei dieser Methode vollständig zerstört; sollte die Kopie fehlerhaft sein, hat der dermaßen Teleportierte eben Pech gehabt. Und wie steht es mit seiner/ihrer Identität, mit den

Erinnerungen, Bewusstseinsinhalten, mit der Persönlichkeit als Ganzem? Ist das noch derselbe Mensch (offensichtlich nicht), oder der gleiche, oder doch ein ganz anderer? Zur Verschlüsselung der Information, die in einem Menschen steckt, benötigt man nach heutiger Technologie 10^{28} KiloByte an Speicher, das ist eine Zahl, die sich in Worten nicht ausdrücken lässt und natürlich jegliches Speichervermögen eines jeglichen denkbaren Rechners um gigantische Größenordnungen übersteigt.

Eigentlich kann man das alles vergessen, daraus wird nie etwas. Bis wir so weit sind, einen Fingernagel per Teleportation über die Straße zu schaffen, werden Jahrhunderte vergehen, vorausgesetzt, es gibt die große Erfindung, den technischen Durchbruch, das unaussprechlich Unbekannte. So könnte man das Ganze in der Abteilung "müßige Gedankenspiele" ablegen, zusammen mit anderen Sciencefiction-Ideen wie Raumsprüngen, Wurmlöchern und Zeitreisen. Wäre da nicht ein Erfinder weiblichen Geschlechts, welcher für die eigenen Erfindungen unendlich viel Zeit hat und dabei Erstaunliches schafft: die Natur. Und die hat es tatsächlich erreicht, verschränkte Zustände bei Raumtemperatur über größere Entfernungen und unbestimmte Zeit zu erschaffen.

Der biologische Prozess läuft über sogenannten **Mikrotubuli**, das sind laut Wikipedia *"röhrenförmige Filamente aus Proteinen, die zusammen mit den Intermediärfilamenten und den Aktinfilamenten das Cytoskelett eukaryotischer Zellen bilden. Sie sind mitverantwortlich einerseits für die mechanische Stabilisierung der Zelle und ihrer Form, andererseits im Zusammenspiel mit anderen Proteinen für Bewegungen und Transporte innerhalb der Zelle sowie für aktive Bewegungen der ganzen Zelle."* Und weiter: *"Mikrotubuli sind relativ vergängliche Strukturen mit einer mittleren Lebensdauer in der Größenordnung von 10 Minuten, sofern sie nicht durch Einbau in größere Strukturen stabilisiert sind."* Selbst Wikipedia zitiert Quantenphysiker und deren Meinung, Mikrotubuli hätten mehr Bedeutung als rein zelluläre Organisationen: "*In einer umstrittenen Hypothese behaupten Stuart Hameroff und Roger Penrose, dass bewusstseinsbildende Gehirnfunktionen auf makroskopischen Quanteneffekten beruhen, die sich in den Mikrotubuli des Zellskeletts abspielen. Bei höheren Evolutionsstufen seien es die Mikrotubuli der Hirnneuronen, aber im Prinzip gelte dieser fast panpsychische Mechanismus sogar für Einzeller mit Zytoskelett.*"

Es geht also um den verlustfreien Transport innerhalb eng begrenzter Kanäle, besonders entlang von Nervenbahn im Gehirn. Ausgangspunkt der mathematischen Analyse war eine Erscheinung, die erst in letzter Zeit gründlich untersucht wurde: **Solitonen** sind relativ spitze Wellenpakete, die ihre Form über lange Zeit und auch bei längeren Wanderungen durch zähe Medien behalten. Voraussetzung dafür im Gehirn ist eine gute thermische Isolierung, die durch einen Mantel aus Ionen bewerkstelligt wird, der nur einen Atomdurchmesser dick ist. Zusätzlich beschleunigen Mikrotubuli den Transport von Wasser auf eine noch unbekannte Weise.

Eine solche langfristige Verschränkung von Elektronen fanden Forscher an der Universität Oxford und Oldenburg auch in den Kryptochrom-Proteinen in den Augen von Zugvögeln: Diese Moleküle reagieren durch die Verschränkung extrem sensibel auf das Magnetfeld der Erde, und so finden die Vögel ihr Ziel.

Mit anderen Worten: Jetzt sind die Biologen am Zug. Vielleicht können sie, wenn schon nicht Scotty auf Alpha Centauri VIII beamen, zumindest das Geheimnis des menschlichen Bewusstseins aufklären - mit Hilfe verschränkter, kohärenter, synchronisierter biologischer Zustände im menschlichen Gehirn. Das wäre doch schon was.

Gibt es Einzelteilchen?

In den klassischen Interpretationen der Quantenphysik wird davon ausgegangen, dass Quantenobjekte *nicht unterscheidbar* sind. Es gibt, so die vorherrschende Meinung, keine Einzel-Elektronen und auch keine einzelnen Lichtteilchen (Fotonen). Das gilt sowohl für die Matrizenmechanik von Heisenberg als auch für die Wellenmechanik von Schrödinger. Heisenberg, Born und andere postulierten: Die Quantenphysik - und die Natur! - ist im Wesentlichen statistisch. Über Einzelteilchen zu reden ist weder sinnvoll noch möglich. Schrödinger leugnete Teilchen sowieso, also kam auch er zu dem Schluss: *Man kann ein Elektron nicht kennzeichnen, nicht "rot anstreichen", und nicht nur das, man darf sie sich nicht einmal gekennzeichnet <u>denken</u>.* Selbst der ideologisch neutrale Dirac, dessen Ideen fast immer zutrafen, meinte: Da die Elektronen ununterscheidbar, also identisch sind, gibt es im gesamten Weltall nur ein einziges Elektron.

Dazu kommt eine weitere Tatsache, die es offenbar verbietet, Elementarteilchen eine individuelle Existenz zuzuschreiben: das **Pauli-Verbot**. Wolfgang Pauli hatte entdeckt, dass zwei Elektronen innerhalb eines Atoms nicht im gleichen Zustand sein können. Daraus folgt der "Schalenaufbau" der Elektronenhülle von Atomen, letztlich also auch die Vielfalt der Elemente und die Stabilität der Materie.

Bevor wir zu den Einzelteilchen kommen, erst mal eine wichtige Einteilung der Quantenobjekte. Glücklicherweise gibt es nur zwei Kategorien, die nach ihren Verteilungen benannt sind: die Bose-Einstein-Teilchen, kurz **Bosonen** genannt, und die Fermi-Dirac-Teilchen, kurz **Fermionen** genannt.

Bosonen werden technisch durch einen Spin mit dem Wert 0,1,2,3... gekennzeichnet. Bosonen (z.B. Lichtteilchen) sind *verträglich* und am besten mit Wassertröpfchen vergleichbar, denn sie mischen sich beliebig. Fügt man unzählige kleinste Wassertröpfchen zusammen, kann ein einziger großer Tropfen entstehen. Das Gleiche ist bei Bosonen möglich: Kühlt man gleichartige Atome auf nahe den absoluten Nullpunkt ab, entsteht ein "Superatom", ein "Bose-Einstein-Kondensat", ein Atomgas, das sich wie ein einziges Atom verhält.

Fermionen werden technisch durch den Spin ½, 3/2, 5/2, ... gekennzeichnet. Fermionen sind *unverträglich* (für sie gilt das Pauliverbot) und am besten mit Spatzen auf einer Überlandleitung vergleichbar: Jeder von ihnen plustert sich so lange auf, bis die Nachbarn einen Mindestabstand zu ihm wahren. Dennoch sind auch sie ununterscheidbar: Ein Spatz sieht aus wie der andere (zumindest für uns, aus der Ferne).

Als nun David Bohm seine kausale Quantenphysik aufstellte und dabei individuelle einzelne Teilchen zuließ (deren Ort sogar berechen- und bestimmbar war), da musste seine Theorie von den Vertretern der "orthodoxen" Quantenphysik abgelehnt werden, denn Einzelteilchen dufte es nicht geben. Die Vertreter der klassischen Auffassung von Quanten mussten erst recht einen großen Schock empfunden haben, als es Physikern tatsächlich gelang, einzelne Quantenobjekte zu isolieren und sichtbar zu machen.

- In den 1970iger Jahren konnte der deutschstämmige Physik-Nobelpreisträger HANS GEORG DEHMELT an der University of Washington in Seattle ein einzelnes Elektron in einer Magnetfalle zehn Monate lang gefangen halten. Aus Verehrung gegenüber Elvis Presley benannte er es nach dessen Witwe Priscilla, und nur durch die Unachtsamkeit eines Studenten, der versehentlich den Strom abdrehte, konnte das Elektron entkommen. Bis dahin war es auf einem Oszilloskop "sichtbar" gewesen. Was bedeutet: Durch einen Resonanzfrequenzkreis konnte die Stelle ermittelt werden, an der das Elektron in der Schwebe hing. Diese Ortsinformation wurde dann in einen Lichtpunkt übersetzt.

- GERHARD REMPE, derzeit Direktor am Max-Planck-Institut für Quantenoptik in Garching, gelang 1987 der Nachweis eines Lichtteilchens, das aus einem einzelnen Atom stammte ("Observation of Quantum Collapse and Revival in a One-Atom Matter"). Auch hier war das entscheidende Instrument eine Falle aus Laserlicht und Magnetfeldern. In dieser Falle wurde zwischen zwei perfekten Spiegeln aus einem ultrakalten Rubidiumgas mit Hilfe einer "Laser-Pinzette" ein einzelnes Atom herausgelöst und innerhalb der Spiegelwände gefangen gehalten (für acht Minuten - im Quantenbereich eine sehr lange Zeit). Schickte man nun ein einzelnes Lichtteilchen in diesen Hohlraum, dann regte dieses das Atom an, sodass es selbst ein anderes Foton aussandte. Die Spiegel dienten zur Vervielfachung des einen Fotons, damit es (oder eines seiner Spiegelbilder) ganz sicher auf das Atom trifft. Die Physiker waren sich sicher, dass nach einem solchen Zusammenstoß vom Atom nur ein einziges Foton ausgesandt wurde, das sie dann weiter untersuchen konnten.

Solche Forschungen sind nicht nur "Kunst um der Kunst willen". Sie können große Bedeutung erlangen für die Quantenkryptografie (sichere Verschlüsselung von Daten), für Quantencomputer (superschnelle Rechner) oder gar für Teleportation (Übertragung von Gegenständen ohne Zeitverzögerung über beliebige Entfernungen).

Es gibt also Einzelteilchen, und alle Argumente, die mit Kollektiven und Statistiken irgendetwas erklären oder gar beweisen wollen, liegen falsch. Was auch bedeutet, dass die Möglichkeiten einer "richtigen" Deutung der quantenphysikalischen Formeln erheblich eingeschränkt sind!

→ Wie wirklich ist die Wirklichkeit

S. DÜRR, T. NONN1 & G. REMPE: Origin of quantum-mechanical complementarity probed by a 'which-way' experiment in an atom interferometer. Nature 395, 33-37 (3 September 1998)

Das Geheimnis der Wandertröpfchen

Wirft man Öltröpfchen in ein vibrierendes Ölbad, beginnen sie zu wandern und zeigen Verhaltensweisen, die sonst nur in der Quantenphysik zu beobachten ist.

Wer von den vielen Interpreten (Deutern) quantenphysikalischer Phänomene hat Recht? Die Antwort scheint in Experimenten zu liegen, die ab 2005 an der Universität von Paris durchgeführt wurden (COUDER, FORT und andere) und der Aufmerksamkeit der Quantenphysikergemeinde offenbar entgangen sind. Sie zeigen alle Verhaltensweisen, die man bisher dem unbeobachtbar Kleinen zuschrieb, die aber hier im Labor in gewöhnlicher Größe auftreten und entsprechend beobachtet werden können.

Doch bevor wir auf sie eingehen, stellen wir ein Quantenphänomen im gigantisch Großen vor, nämlich in unserem Sonnensystem: die Titius-Bodesche Reihe. Der Astronom JOHANN DANIEL TITIUS (1729–1796) erkannte einen Zusammenhang zwischen den Abständen der Planeten von der Sonne, den er in eine einfache Formel fasste und die später von anderen Astronomen modifiziert wurde. Mit ihr können die mittleren Abstände der Planeten

Merkur bis Uranus erstaunlich genau berechnet werden. Nur zwischen Mars und Jupiter klaffte eine numerische Lücke: Dort müsste ein Planet sein. Und der wurde tatsächlich später entdeckt, zumindest als Fragment: In dieser Entfernung tummeln sich die Kleinplaneten und Asteroiden. Die sind entweder Reste eines zerplatzten Planeten oder Bruchstücke eines potenziellen Planeten, der es aber nicht mehr zu seiner Genese schaffte.

Mehr noch: Bei der Untersuchung extrasolarer Planetensysteme fiel auf, dass 22 von 27 untersuchten Systemen die Planetenabstände exakt einer gequantelten Formel analog der Titus-Bode-Reihe entsprechen - noch genauer als in unserem Sonnensystem. Die Erklärung? Nichts. Wikipedia schreibt dazu: "*Für die Titius-Bode-Reihe gibt es keine gesicherte Erklärung, warum sich die Abstände der Planeten so darstellen lassen und warum diese Beziehung gerade so und nicht anders aussieht. Die numerische Regel fällt förmlich vom Himmel, ohne dass irgendein Bezug zu physikalischen Prinzipien oder Phänomenen hergestellt wird. ... Dafür, dass sich die Abstände der Planeten von der Sonne immer um denselben Faktor unterscheiden, ist keine überzeugende physikalische Begründung in Sicht.*"

Das gilt nicht für die oben erwähnten Experimente mit Wandertröpfchen (englisch *droplets* und *walkers*). Denn hier kann man im Labor beobachten, messen, berechnen und mit anderen Theorien in Beziehung setzen, was staunen macht: Öltröpfchen, die man auf eine Wanne voll vibrierenden Öls fallen lässt, werden zu Quantenobjekten! Bei einer bestimmten Frequenz der Ölbadschwingung schweben die Tröpfchen über der Oberfläche und halten sich nur auf den Wellenbergen auf. Wenn sie wieder ins Ölbad fallen, vermischen sie sich nicht mit der Flüssigkeit, sondern werden durch die Dauerschwingung des Bads wieder in die Luft geschleudert. Deswegen scheinen sie die ganze Zeit über der Oberfläche zu schweben.

Das ist zunächst nichts Besonderes. Aber nun wird's spannend: Alle Verhaltensweisen, die wir aus der Quantenphysik kennen, sind auch bei diesen Tröpfchen zu beobachten, als da sind:

- Die Öltröpfchen schwimmen auf den Wellenbergen der stehenden Welle des Ölbads, während man sie in den Tälern nicht auffindet. Als Analogie zur Quantenphysik kann man sagen: Sie halten sich dort auf, wo die Wahrscheinlichkeit der Wellenfunktion am größten ist - am Berg.

- Lässt man sie einen Doppelspalt passieren, arrangieren sie sich dahinter so, als ob sie Bestandteil von Wellen wären. Sie realisieren also punktweise das Interferenzmuster von Wellen - genauso wie einzelne Elektronen, Neutronen, Fotonen oder Atome beim Doppelspaltversuch. Weil die Öltröpfchen aber eindeutig Teilchen sind, kann man ihre Bahn lückenlos und störungsfrei beobachten. Da es nur *eine* Deutung der Quantenphysik mit eindeutigen Bahnen (Trajektorien) gibt, nämlich die Bohmsche Quantenphysik, ist ein Vergleich mit den in dieser Version vorausgesagten Bahnen recht aufschlussreich. Ergebnis: Öltröpfchen überschreiten sehr wohl die Barriere in der Mitte, ihre Bahnen sehen chaotisch aus - ein Zustand, den es im mikroskopisch Kleinen offenbar nicht gibt und der möglicherweise mit dem räumlich begrenzten Ölbad zusammenhängt.

- Die Wellen des Ölbads sind normalerweise stehende Wellen, sie können aber auch wandern, weshalb sie "Wanderwellen" genannt werden. Die Öltröpfchen demonstrieren zusätzlich eine schnelle Eigenschwingung, die sie "mitnehmen" - was Schrödinger als "Zitterbewegung" identifizierte und de Broglie bereits 1924 vorausgesagt hatte.

- Die dem Ölbad zugeführte Energie, die das Bad in Schwingungen versetzt, hat Ihre Analogie in den energiereichen Quantenfluktuationen, die sich aus Diracs Formel und ihrer Deutung ergeben.

- Öltröpfchen zeigen den nur in der Quantenphysik vorhandenen "Tunneleffekt", d.h., sie können Barrieren überwinden, ohne dass die berechnete Energie dazu ausreicht.

- Bei rotierenden Ölbädern beginnen die Öltröpfchen, sich in quantisierten Umlaufbahnen anzuordnen.

- Man hat bei Öltröpfchen Spinzustände und Spinoreigenschaften festgestellt. Wegen des "Spins" befolgen sie das Pauli-Prinzip (keine zwei Teilchen mit den gleichen Eigenschaften können in einer "Energie-Schale" nebeneinander existieren). Spinoren sind Zustände, die erst nach zweimaliger Drehung (auch in einem abstrakten Raum) wieder den Ausgangszustand erreichen (normalerweise genügt die Drehung um $360° = 0°$). Diese Eigenschaft, die man bisher ausschließlich in der Mikrowelt vorfand, gilt allerdings auch für zwei schwach gekoppelte Pendel mit beinahe derselben Schwingungsdauer.

- Es gibt eine Teilchen-Antiteilchen-Erzeugung. Wenn zwei besonders "spitze" Wellen (zwei "Solitonen") aufeinander treffen, entstehen zwei Teilchen, die voneinander davon fliegen - wie in der Quantenphysik, wenn ein Elektron und ein Positron aus einem besonders energiereichen Foton entstehen und sofort voreinander die Flucht ergreifen.

- Die Änderung der Lage eines Öltröpfchen beeinflusst augenblicklich die Eigenschaften sämtlicher anderer Teilchen. Das liegt an einer schnellen Grundwelle (schnell in Bezug auf die Bewegung der Öltröpfchen), also an einer Art "Führungswelle".

- Analogie aus der klassischen Elektrodynamik: Rotierende Öltröpfchen ziehen einander an bei entgegengesetzter Drehrichtung, sie stoßen einander ab bei gleicher Drehrichtung. Das erklärt sich rein klassisch aus den Effekten der Strömungslehre. Die Drehrichtung kann wie eine elektrische Ladung aufgefasst werden.

- Zweite Analogie: In der Nähe einer Wand werden Öltröpfchen abgestoßen, als ob sie sich einem Spiegel nähern. Die Abstoßungskraft ist proportional $1/r^2$, wie alle klassischen Anziehungs- und Abstoßungskräfte.

All diese Erscheinungen lassen sich am besten durch die Theorie von DE BROGLIE aus dem Jahre 1924 erklären. Die Wanderwelle entspricht der Pilot- oder Führungswelle, die bei de Broglie und Bohm unendlich schnell ist. Es genügt aber, wenn sich die Führungswelle zehntausendmal schneller als die Lichtgeschwindigkeit ausbreitet. Das entspricht experimentellen Untersuchungen sowie den Befunden bei Öltröpfchen, wo die Wanderwellen etwa zehntausendmal schneller sind als die Öltröpfchen selbst. Wegen dieser, im Vergleich zu den Wanderbewegungen der Tröpfchen "unendlich großen" Geschwindigkeit "erkennt" die Wanderwelle Hindernisse und kann so, wie eine echte Führungswelle, die Teilchen vor diesen Hindernissen "warnen" und sie um diese Hindernisse geleiten. Zusätzlich werden durch den Wellencharakter der Wanderwelle die Interferenzescheinungen hinter dem Doppelspalt verständlich - und außerdem die "Verschränkung", die augenblickliche "Information" über weit entfernte Teilchen. Sie sehen, die Sprache wird schon wieder reichlich anthropomorph, also menschlich; daher die vielen Anführungszeichen.

Immerhin, die Analogien sind verblüffend. Selbst die statistische Interpretation der ψ-Funktion hat ihr makroskopisches Pendant: Im Ölbad herrscht deterministisches Chaos, sodass auch hier die Bahnen einzelner Tröpfchen nicht immer voraussagbar sind. Aber über längere Zeit oder als Mittelwert über viele gleichwertige Tröpfchenbäder ergibt sich eine eindeutige Statistik - eben die der Schrödingergleichung.

Heißt das, die Rätsel der Quanten wären gelöst? Das zu beurteilen ist noch zu früh. Doch schält sich hier einiges heraus:

- Quantenerscheinungen sind nicht auf den Mikrokosmos beschränkt. Sie können auch im Labor erzeugt und studiert werden.

- Der wahre Charakter der Schrödingergleichung als *Strömungsgleichung* zeigt sich deutlich in der Analogie mit den Öltröpfchen. Denn deren Verhalten ist ausschließlich mit den Gleichungen der Strömungslehre beschreibbar!

- Einer der frühen Pioniere, LUIS DE BROGLIE, hatte mit seinen Ideen und Deutungen (Quantenobjekt = Teilchen + Eigenwelle + Führungswelle) Recht gehabt. Wären nicht die Nihilisten (Wolfgang Pauli) und die selbsternannten Hüter der reinen Lehre (Bohr, Heisenberg, von Neumann) gewesen, die Forschung hätte zumindest wesentlich früher solche Zusammenhänge aufzeigen können. Und die Gemeinde der Quantenphysiker würde heute diese Experimente zur Kenntnis nehmen und sich überlegen, ob der Begriff "orthodox" wirklich zu einer Wissenschaft passt.

EMMANUEL FORT, ANTONIN EDDI, AREZKI BOUDAOUD, JULIEN MOUKHTAR, YVES COUDER: Path-memory induced quantization of classical orbits. PNAS October 12, 2010, vol. 107 no. 41

Y. COUDER, E. FORT: Probabilities and trajectories in a classical wave-particle duality. Journal of Physics: Conference Series 361 (2012)

ROBERT BRADY, ROSS ANDERSON: Why bouncing droplets are a pretty good model of quantum mechanics. 16. Jan 2014

Wie wirklich ist die Wirklichkeit?

Die Interpretationen der Quantenphysik

Die Pioniere der Quantenphysik mussten sich zwangsläufig mit grundlegenden Fragen der Philosophie auseinander setzen, wobei sie, insgesamt gesehen, als Philosophen ziemlich versagten, während die echten Philosophen solche Fragen ignorierten und weder Interesse an noch Ahnung von Physik oder gar Mathematik hatten.

Zum Beispiel **Realität**: BOLTZMANN hielt Atome für real, sein Gegenspieler MACH dagegen nicht. Heute hat man sie irgendwie gesehen, aber wie steht's mit Quarks (die sind für immer in Elementarteilchen eingeschlossen, also niemals zu beobachten), mit "Strings" und "Branen" (fiktive Gebilde in höheren Dimensionen), ja mit Feldern oder dem gar nicht so leeren Vakuum? Existieren diese Gebilde, was heißt überhaupt *Existenz* in diesem Zusammenhang? Ist der *Raum* eine bedeutungslose Anschauungsform (KANT) oder hat er irgendwie eine Art Substanz, sodass er auf materielle Gegenstände wirken kann (EINSTEIN)?

Zum Beispiel **Kausalität** und **Determinismus**: Beherrschen ewig gültige Gesetze die Welt (SCHRÖDINGER), oder spielt der Zufall eine entscheidende Rolle (BOHR, HEISENBERG, BORN)? Kann man die Zukunft eines physikalischen Systems vorausberechnen, oder besteht die Welt aus einer Abfolge unzusammenhängender, also chaotischer Aktionen, ohne erkennbare Verhaltensmuster?

Zum Beispiel **Trennung** oder **Einheit**: Besteht die Natur aus voneinander isolierten Systemen (BOHR), oder hängt alles mit allem zusammen, sodass es auch eine Art Weltformel geben kann (BOHM)?

Der Naturwissenschaft liegt eine Annahme zugrunde, die sie von anderen Geistesdisziplinen unterscheidet: Sie postuliert eine objektive, vom Beobachter unabhängige Wirklichkeit namens **Realität**. Wer immer sehen kann oder über die nötigen Messinstrumente verfügt, kann die Behauptung eines Naturwissenschaftlers selbst überprüfen. Zugegeben, der Begriff der jederzeitigen Überprüfbarkeit wird problematisch in der Kernforschung oder in der Astronomie. Selbst wenn ich die entsprechenden Geräte hätte (was ich nie haben werde), ich könnte die Ergebnisse eines Kernforschungsexperiments niemals überprüfen, da mir die Interpretationsmöglichkeiten fehlen. Das übernehmen heutzutage Rechnerprogramme, keine Menschen. Doch andere können das, und so werden (angeblich) Fehlmeinungen nach einiger Zeit eliminiert.

Durch diesen **philosophischen Realismus** grenzt sich die Naturwissenschaft beispielsweise von den Religionen ab. Dort regiert nicht die Überprüfbarkeit, sondern die Autorität eines selbsternannten Propheten. Dort kommt es nicht auf die äußere Realität an, sondern auf das innere Erleben. Dort sind Erkenntnisse nicht für alle Zeiten gültig und für alle Lebewesen verbindlich, sondern zeitbedingt und nur für die Anhänger des eigenen (einzig wahren) Glaubens relevant. Dass sich auch die Wissenschaft manchmal wie eine Religion aufführt, dass es zur katholischen Kirche vergleichbare Institutionen in der wissenschaftlichen Forschung gibt, ist ein anders Kapitel (siehe meine Bücher über die Relativitätstheorien).

Bleiben wir bei der Realität. Der Physiker und selbsternannte Philosoph ERNST MACH meinte: Nur was beobachtbar ist, kann Bestandteil einer physikalischen Theorie sein. Ein anderer Philosoph, LUDWIG WITTGENSTEIN, unterstützte die Methode der Beschränkung, als er sagte: *Die Grenzen meiner Sprache bedeuten die Grenzen meiner Welt.* Was ja auch heißen könnte: Erschaffe eine neue Sprache, dann kannst du mehr erkennen - ein Weg, den die Physiker mit ihrer speziellen Sprache, der Mathematik, auch ständig gehen.

Die "Positivisten", die Anhänger einer Machschen Philosophie, näherten sich extrem der Psychologie, denn was man beobachten kann, geht über die Sinne (durch Instrumente verstärkt). Damit bleiben wir, wenn wir Mach ernst nehmen, an der Oberfläche hängen, an den Erscheinungen, nicht an den Ursachen. Wir wandeln uns von Realisten zu *Phänomenologen*. Der meint: In die Tiefe zu gehen und die wahre Substanz der Erscheinungen zu erforschen bringt nichts, denn es gibt nichts außer dem, was man sieht. Irgendwie deprimierend.

Der erste Philosoph der modernen Physik, ALBERT EINSTEIN, hielt an Realismus und Kausalität fest, trotz seines Ausflugs in Machsche Gefilde mit seiner speziellen Relativitätstheorie. Aber BOHR und HEISENBERG nahmen Mach beim Wort und produzierten eine Theorie, in der es nur um Beobachtungsdaten ging, wobei - wie sich später herausstellte - die Realität nicht mehr existiert, außer man schaut drauf. "Wenn ich den Mond nicht betrachte, existiert er nicht." fasste Einstein sarkastisch die Bohr-Heisenberg-Methode zusammen. Und Schrödinger führte sie durch seine gleichzeitig lebendige und tote Katze ad absurdum. Doch Bohr war ehrgeizig genug, aus seinen wirren Ideen eine Philosophie zu basteln und diese dann missionarisch in der Gelehrtenwelt zu verbreiten, während für Heisenberg eine Interpretation nur wichtig war, *"damit ich daraus [aus der Theorie] klug werde"*. So machtvoll war Bohrs Bemühen, dass seine Sichtweise bald als "Kopenhagener Deutung" alle Lehrbücher durchdrang und von all denen akzeptiert wurde, die sich nicht mit Philosophie beschäftigen wollten oder konnten. Also praktisch von allen.

Vollends aus dem Ruder lief die Sache, als der Mathematiker JOHN VON NEUMANN angeblich bewies, dass man gewisse Dinge niemals beobachten könne, wobei er am Beginn seines Beweises voraussetzte, dass man diese Dinge niemals beobachten kann. So idiotisch die Sache klingt, sie behinderte den Fortschritt der Quantenphysik auf Jahrzehnte. Denn der Beweis war kompliziert und damit für Physiker unverständlich. Erst als JOHN BELL 1964 nachwies, dass der Kaiser gar keine Kleider trägt, wurde der Neumannsche Beweis stillschweigend zu Grabe getragen. Am Verbot, über eventuell weitere messbare Dinge nachzudenken, hat sich nichts geändert.

Dass es den Kopenhagenern nicht um eine praktische Anleitung zum Messen und Interpretieren ging, sondern um eine Weltanschauung, die unbedingt durchgesetzt werden muss, erkennt man an einigen Geboten und Verboten:

- Bestimmte Eigenschaften können nicht gleichzeitig exakt gemessen werden. (Heisenbergsche Unschärfe-Relation).

- Die Kopenhagener Deutung ist "orthodox" (ein Ausdruck aus der Theologie).

- Was ich nicht sehen (beobachten, messen) kann, existiert nicht. Kann ich es doch sehen - wie die Bahn eines Elektrons in einer Blasenkammer - handelt es sich um eine Täuschung (Heisenberg).

- Nur statistische Werte sind möglich, den Ort eines Teilchens werde ich niemals berechnen oder gar messen können. Usw.

Gerade letzteres - die Ortsbestimmung eines einzelnen Elektrons - ist heutzutage durch raffinierte Experimente mit Lasern möglich und durch die Bohmsche Theorie theoretisch begründet.

Doch das entscheidende Problem, das zu Beginn der Quantenphysik auftauchte, ja diese erst initiierte, war der **Dualismus zwischen Welle und Teilchen** beim ganz gewöhnlichen Licht. NEWTON hatte behauptet, Licht bestehe aus winzigen Korpuskeln, sozusagen aus Licht-Atomen. Damit konnte er Beugungserscheinungen erklären und den Gang von Lichtstrahlen durch Linsen oder ihre Reflexion an Spiegeln berechnen. Sein Zeitgenosse HUYGENS dagegen meinte, Licht wäre eine Wellenescheinung, verursacht durch Kräuselungen im Äther. Später haben YOUNG, FRESNEL und andere bewiesen: Licht ist tatsächlich eine Wellenerscheinung. Mit dieser Hypothese konnten weitere Phänomene erklärt werden, die der Korpuskeltheorie als Erklärungsmodell bisher widerstanden hatten, insbesondere die Interferenz, die schon Newton bei den nach ihm benannten Ringen entdeckt hatte.

Zu Beginn des 20. Jahrhunderts wurde die Wellennatur des Lichts wieder in Frage gestellt. Denn es zeigte sich, dass Licht in manchen Fällen wie ein Strom von Billardkugeln wirkt: Es übt einen Impuls (einen Stoß) auf materielle Gegenstände (auf Elektronen) aus. Dieser nach seinem Entdecker COMPTON benannte Effekt legte die These nahe: Licht besteht doch aus Korpuskeln, eine These, die als erster explizit EINSTEIN formulierte und vertrat, wofür er auch den Nobelpreis erhielt. Später nannte man die Lichtteilchen "Fotonen".

Doch es kam noch schlimmer: Auch gewöhnliche, feste Teilchen zeigten Wellencharakter, wie von DE BROGLIE in kühnem Gedankengang vorausgesagt. Somit erhob sich für die Quantenphysiker die Frage: Was sind denn Licht und Materie wirklich, Teilchen oder Welle? Oder beides? Oder immer abwechselnd eines von beiden? Bei der Beantwortung dieser Frage haben sich zwei grundsätzliche Auffassungen herausgeschält:

- In der *Kopenhagener Deutung* versuchte Bohr, dem Problem mit dem philosophischen Begriff der **Komplementarität** beizukommen. Das bedeutet (in typisch Bohrscher Denkweise): sowohl - als auch, aber eigentlich entweder - oder. Licht und Materie - wir nennen ein solches Gebilde allgemein "Quantenobjekt " - sind sowohl Teilchen als auch Welle, aber bei einer Messung immer nur das eine. Das Quantenobjekt muss sich sozusagen auf die Messung einstellen und erscheint dann in dem Gewand, welches der Experimentator erwartet - eine Vorstellung, die beim Versuch der "verzögerten Entscheidung" zu echten Vorstellungsschwierigkeiten führt. Bohr blieb bei diesem Konzept wie üblich eher vage, sodass eine befriedigende

Antwort auf diese Frage im Rahmen der orthodoxen Quantenphysik noch aussteht.

- In der *kausalen Quantenphysik* hat de Broglie, vereinfacht ausgedrückt, die Idee vertreten, jedes Quantenobjekt bestehe aus zwei Teilen, einem eher passiven Teilchen und einer aktiven (Führungs-)Welle, welche die Bahn des Teilchens bestimmt. Wegen der mindestens zehntausendfachen Überlichtgeschwindigkeit der Führungswelle scheint das Teilchen auf seinem Weg durchs Gestrüpp der Wirklichkeit auch von fernen Hindernissen beeinflusst zu werden. Die Welle aber hat, sehr anthropomorph gesprochen, den umgebenden Raum inzwischen erforscht und in alle Winkel ausgeleuchtet. Sie weiß also, was auf das Teilchen zukommt und kann es so um Hindernisse oder durch Spalte lenken. All das trifft auch auf makroskopische Wandertröpfchen zu, was der de-Broglie-Bohmschen Theorie zusätzliche Glaubhaftigkeit verleiht.

Neben den sehr allgemeinen Problemen philosophischer Natur sieht sich die Quantenphysik aber mit ganz konkreten Fragen konfrontiert, die wir jetzt, bei der Besprechung der wichtigsten Deutungen, im Einzelnen angehen, als da sind:

- die Beugung und Interferenz am *Doppelspalt* plus die Erklärung für *verzögerte Entscheidungen*;
- die Bedeutung der *psi-Funktion*;
- der *Kollaps* der psi-Funktion;
- die Deutung der quantenphysikalischen *Verschränkung*;
- die Deutung von Messergebnissen (*statistisch* oder *deterministisch*).
Neben der eher tabellarischen Übersicht habe ich auch jeweils einen eher persönlichen Kommentar hinzugefügt, eine subjektive Bewertung der Theorie, die nicht unbedingt dem entspricht, was andere, besser informierte Fachgelehrte sagen.

Kopenhagener Deutung (orthodoxe Quantenphysik) (Bohr, Heisenberg, Born u.a., ab 1929)

Ursprung: NIELS BOHR (1920-er Jahre), dessen Wohnort Kopenhagen der Richtung seinen Namen gab. Zum ersten Mal erwähnt von Heisenberg 1929 bei einem Vortrag in Chicago ("Der Kopenhagener Geist").

Realität: Es gibt keine Realität, nur Beobachtungsdaten. Wenn man einen quantenphysikalischen Prozess oder ein solches System nicht beobachtet, existiert beides nicht.

Die *ψ-Funktion* ist eine Wahrscheinlichkeitswelle, also ein rein mathematisches Hilfsmittel zur Berechnung von Wahrscheinlichkeiten. Sie beschreibt nicht die Welt, sondern unsere Kenntnis von der Welt.

Der *Kollaps der Wellenfunktion* wird notwendig durch den mathematischen Formalismus des Rechnens mit Operatoren. Er entsteht durch Beobachtung (Messung) bzw. Bewusstwerdung derselben. Nach John von Neumann geschieht dies im Gehirn, was impliziert, dass bewusste Beobachter die Welt erschaffen. Wo es solche nicht gibt, existieren offenbar auch keine Elementarteilchen, mithin auch sonst nichts.

Verschränkung: Ungeklärt, da überlichtschnelle Verbindungen geleugnet werden.

Erklärung des Doppelspaltversuchs: Ein Teilchen schaut nach, ob ein oder zwei Löcher vorhanden sind. Im zweiten Fall verwandelt es sich in eine Welle, interferiert mit sich selbst, verwandelt sich anschließend wieder in ein Teilchen und schwärzt die Fotoplatte. Bei nur einem Spalt entfällt diese Verwandlung. Bei der *vertagten Entscheidung* wird die Sache noch komplizierter, weil sich das Teilchen rückverwandeln muss.

Variante: Die **Dekohärenz-Theorie** (Zurek, Zeh 1970) erklärt die Reduktion (Stauchung) der ψ-Funktion sowie das Verschwinden der vielen Zustände bei einer Messung

(Beobachtung) durch eine Wechselwirkung des Quantensystems mit dem Messapparat oder dem Beobachter. Die "Kohärenz" (der Zusammenhalt) der vielen Zustände schwindet rasch, das System "dekohäriert" in endlicher Zeit, auch ohne Beobachter. Das erfordert Zusatzterme zur ψ-Funktion.

Kommentar: Die Kopenhagener Deutung redet dauernd von einem Beobachter und seiner Messung, doch weder er noch sie kommen in den Formeln vor. Der Rückzug aus der Realität entartet hier zum Solipsismus: Nur ich als Beobachter existiere, und durch mein Anschauen der Dinge erschaffe ich diese erst. So eine Einstellung kommt nicht einmal in den mystischsten Schriften der mystischsten Mystiker vor. Die Leugnung der Existenz von Teilchen, obwohl sie als Spur in einer Blasenkammer oder einzeln in neueren Experimenten sichtbar werden, grenzt an Schizophrenie. Die Verurteilung jeglicher Abweichung der Ideen des "Meisters" ist einer Wissenschaft unwürdig. Sie passt vielleicht zur katholischen Kirche, nicht aber zur Physik. Die Erklärung des Doppelspaltversuchs und vor allem der vertagten Entscheidungen klingt so, als ob Elementarteilchen ein höheres Bewusstsein und schärfere Sinnesorgane haben als wir. Dann sollten wir sie aber nicht durch Drähte und Röhren quälen, sondern mit ihnen in Kontakt treten und sie als gleichwertige oder höhere Lebensformen respektvoll behandeln. Schließlich liefern Bohr und Co. keinerlei Erklärung für das offenbar wirklich Neue in den Erscheinungen des mikroskopisch Kleinen: Die Verschränkung bleibt ungeklärt. Nicht einmal ansatzweise hat Bohr versucht, sich damit auseinander zu setzen, außer durch nichtssagendes Geschwurbel. Denn er konnte nicht zugeben, dass die spezielle Relativitätstheorie mit der Lichtgeschwindigkeit als Höchstgrenze im Bereich des mikroskopisch Kleinen offenbar nicht mehr gilt

Viele-Welten-Theorie (Hugh Everett III 1957, Bryce de Witt 1970, David Deutsch)

Ursprung: Doktorarbeit eines Schülers von John Archibald Wheeler, der sich von diesen Ideen später distanzierte. Wurde allerdings schon vorher von zahlreichen Sciencefiction-Autoren vorweggenommen.

Realität: Es gibt unendlich viele Realitäten (Parallelwelten), die gleichzeitig nebeneinander bestehen, aber normalerweise nicht zugänglich sind. Reisen durch diese Welten sind das Motiv zahlreicher Sciencefiction-Erzählungen. Das Konzept vermeidet die Paradoxien von Zeitreisen, die in der Quantenphysik allerdings gar nicht vorkommen.

Die ψ-*Funktion* ist, wie in der Kopenhagener Deutung, eine Wahrscheinlichkeitswelle.

Dafür gibt es den *Kollaps der Wellenfunktion* nicht, denn es entstehen bei jeder Beobachtung (Messung) neue Welten.

Verschränkung: über Parallelwelten; Mechanismus ungeklärt.

Erklärung des Doppelspaltversuchs: Die Teilchen in Parallelwelten ("Schattenteilchen") helfen einander beim Durchgang durch die Spalten. Sie informieren sich gegenseitig über das Vorhandensein der Anzahl der Öffnungen. Ähnlich bei der *vertagten Entscheidung*.

Kommentar: Die Theorie der **Multiversen**, wie sie auch genannt wird, gehört zu den Lieblingsthemen der Sciencefiction-Autoren, was nicht weiter verwundert, da sie ja von einem SF-Autor erfunden wurde. Hauptproblem dieser Interpretation (wie bei der Kopenhagener Deutung): Was ist eine Messung? Braucht es dazu einen bewussten Beobachter oder beobachtet sich die Welt selbst? Und wohin (nicht wo!) entstehen die ungezählten neuen Welten? Wann entstehen sie und wodurch, und wo kommt die Energie zu ihrer Erschaffung her?

Führungswellentheorie (LOUIS DE BROGLIE 1927, DAVID BOHM 1952)

Ursprung: Die Entdeckung in den 1920-er Jahren, dass auch Teilchen (z.B. Elektronen) Welleneigenschaften haben. Neu entdeckt bzw. ausgebaut in den 1950-er und 1970-er Jahren.

Realität: Es gibt nur eine Realität, nämlich die uns vertraute. Es existieren Teilchen, die stets einen bestimmten Ort haben, und Kraftfelder, die das Verhalten der Teilchen beeinflussen (wie in der klassischen Physik). Zudem kommt die Theorie ohne Wahrscheinlichkeiten aus, denn Kausalität und Determinismus bilden ihre Grundlage, wie in der klassischen Physik. Deswegen wir sie auch **kausale Quantenphysik** genannt.

Die ψ-*Funktion* beschreibt die Entwicklung eines Zustands oder die Bewegung eines Teilchens, wie in der klassischen Physik, aber als Führungs- oder Pilotwelle, die mit wesentlicher Überlichtgeschwindigkeit die Teilchen lenkt.

Den *Kollaps der Wellenfunktion* gibt es nicht, denn der Beobachter erscheint nicht in den Gleichungen und die Realität bleibt beobachterunabhängig.

Verschränkung: über die Führungswelle bzw. das "Quantenpotential". Wirkungsmechanismus ungeklärt.

Erklärung des Doppelspaltversuchs: Durch die Führungswelle entsteht in der Mitte der beiden Öffnungen eine Art Barriere, sodass Teilchen von einem Spalt das Revier des anderen Spalts nicht betreten können. Teilchen folgen also genau festgeschriebenen "Trajektorien" (Bahnen), die durch die modifizierte (zweigeteilte) Schrödingergleichung berechnet werden können. Auch bei der *vertagten Entscheidung* "weiß" die Führungswelle stets (und augenblicklich), was der Fall ist, sodass die Führung immer korrekt bleibt.

Kommentar: Die Deutung von de Broglie und Bohm knüpft an vertraute physikalisch-philosophische Erkenntnisse an. Sie ist vernünftig, einleuchtend und mathematisch leicht zu handhaben, bewahrt Kausalität und Determinismus und behandelt in erster Linie das, was der Mensch seit jeher wichtig findet: den Ort eines Objekts. Zudem entspricht sie als einzige Theorie makroskopischen Experimenten: Die "Wandertröpfchen" verhalten sich fast genauso wo wie die Teilchen in der kausalen Quantenphysik. Die Konzepte der Quantenphysik wie Verschränkung, Tunneleffekt, Führungswelle sind dort ebenfalls beobachtbar, es ist beinahe eine 1:1-Übereinstimmung vorhanden. Schade, dass bornierte Physiker offenbar meinen, eine so vernünftige Theorie ablehnen zu müssen, und zwar deshalb, weil sie vernünftig ist!

Quanteninformationstheorie (ADAMI, CERF 1998)

Ursprung: Shannons Informationstheorie, erweitert auf "Q-Bits".

Realität: Es gibt keine Teilchen, überhaupt keine Welt, nur Informationen über sie. Nach Meinung ihrer Schöpfer ist es nur sinnvoll, mit Informationen über einen Zustand zu arbeiten, nicht mit dem Zustand selbst.

Die ψ*-Funktion* beschreibt unser Wissen über einen Zustand (ähnlich wie bei Bohr, aber mit zusätzlichen Formeln aus der Shannonschen Informationstheorie).

Kollaps der Wellenfunktion, Verschränkung und die *Erklärung des Doppelspaltversuchs* sind ähnlich wie in der Kopenhagener Deutung. Das Auftreten und scheinbare Verschwinden von Interferenzen wird allerdings ähnlich wie in der kausalen Quantenphysik gedeutet: Sie (die Interferenzen, also die Wellen) sind immer da, aber durch Abdecken eines Spalts sehen wir sie nicht.

Kommentar: Die Aufgabe der Physik besteht darin, objektive (beobachterunabhängige) Erkenntnisse über nicht-belebte Dinge zu erlangen, mathematisch zu formulieren, zu berechnen und zu prognostizieren. Der Begriff "Information" dagegen setzt einen Sender, eine Nachricht und einen Empfänger derselben voraus. Als "Sender" kann man gerade noch die Natur betrachten, als Empfänger muss wieder der intelligente Beobachter herhalten, aber die Nachricht? Hier wird nur das Konzept der Kopenhagener Deutung konsequent ausgebaut: Die Formeln der Quantenphysik sagen etwas über den subjektiven Wissensstand eines Beobachters aus, nichts über die Wirklichkeit. Dass moderne Entwicklungen wie Quantencomputer, Quanten-Kryptografie und Quanten-Teleportation das Element "Information" zu enthalten scheinen, ändert nichts daran: Es geht um die Grundlagen, nicht um das, was wir davon zu wissen glauben.

Transaktions-Interpretation (JOHN CRAMER 1980)

Ursprung: Übertragung des "Handschlag-Universums" von FEYNMANN und WHEELER auf den Mikrokosmos.

Realität: Ähnlich wie bei Bohm: Es gibt eine Realität. Teilchen sind real, die ψ-Welle ebenfalls.

Es gibt zwei *ψ-Funktionen*: eine retardierte (in die Zukunft laufende), eine avancierte (aus der Zukunft kommende), die sich im Hier und Jetzt kompensieren. Sie laufen mit normaler Geschwindigkeit!

Der *Kollaps der Wellenfunktion* erstreckt sich über die gesamte zeitliche Wirkung der beiden Wellen, also keineswegs augenblicklich. Er ist aber nicht beobachtbar.

Verschränkung: Durch die beiden ψ-Wellen, klassisch beschreibbar, ohne Überlichtgeschwindigkeit.

Erklärung des Doppelspaltversuchs: Informationen aus der Zukunft leiten die Teilchen. Die Funktion der Führungswelle übernimmt hier die Welle aus der Zukunft. Ähnlich bei *vertagten Entscheidungen*.

Kommentar: Eine für alle Sciencefiction-Fans hochinteressante Theorie, denn dort gibt es seit ihrer Erfindung durch H. G. Wells Zeitreisen, also Einflüsse aus der Zukunft. Zudem ist die Theorie so symmetrisch, dass sie das Herz eines jeden Physikers höher schlagen lässt. Allerdings ist der Wirkmechanismus der beiden Wellen nicht wirklich geklärt, und man muss eine Retro-Kausalität akzeptieren, die möglicherweise zu den Paradoxien der Zeitreisen führt.

Diese paar Interpretationen zeigen nur einen winzigen Ausschnitt aus möglichen Deutungen. Wikipedia zählt unter anderem noch folgende Theorien auf: Ensemble-Interpretationen, Konsistente-Historien-Interpretation, Dynamischer-Kollaps-Theorien, Quanten-Bayesianismus, Modale Interpretation, Relationale Interpretation, Existentielle Interpretation, Empirizistische Interpretation, Quanten-Darwinismus, usw.

Und hier das Ganze als Tabelle im Überblick:

Name	*Ursprung*	*Realität*	*Kollaps*	*Verschränkung*	*Doppelspalt*
Kopenhagener (orthodoxe) QP	Bohr, Heisenberg 1935	entsteht erst durch Beobachtung	durch Messung (Bewusstsein)	wird ignoriert bzw. wegerklärt	intelligente Teilchen, die vorausahnen, wie sie sich zu verhalten haben.

Dekohä-renztheorie	Zurek, Zeh 1970	wie Kopenhagen	durch Störungen der Umwelt	wie Kopenhagen	wie Kopenhagen
Viele-Welten-Interpretation	Everett 1957 de Witt 1970	unendlich viele, entstehen immer neu	nicht vorhanden	über Parallelwelten	Teilchen aus Parallelwelten helfen mit, da sie mehr wissen
Füh-rungs-wellentheorie	de Broglie 1927 Bohm 1952	eine, Teilchen + Superwelle	nicht vorhanden	über Füh-rungs-welle	Führungswelle weiß mehr und leitet
Quan-teninformationstheorie	Adami, Cerf 1998	keine, nur Information	wie Kopenhagen	wie Kopenhagen	Interferenzen sind immer da, aber nicht immer sichtbar
Trans-aktionsinterpretation	Cramer 1980	eine, Teilchen + 2 reelle Wellen	langsam	durch die beiden ψ-Wellen	Welle aus der Zukunft weiß mehr

Mystische Physik

Zahlreiche Quantenphysiker wandten sich mystischen Gedankensystemen zu, wobei sich die Frage stellt: Was ist Mystik? Für unsere allwissende Wikipedia bezeichnet Mystik *"Berichte und Aussagen über die Erfahrung einer göttlichen oder absoluten Wirklichkeit sowie die Bemühungen um eine solche Erfahrung."* Das scheint mit Wissenschaft nicht vereinbar. Dennoch haben sich Fachleute und Laien, die sich mit Quantenphysik beschäftigten, auf mystische Pfade begeben, teils sorgfältig getrennt von ihrer wissenschaftlichen Tätigkeit (Schrödinger), teils durch ihre Erfahrungen mit Formeln und Experimenten erst dazu angeregt (Bohm), teils manche Problempunkte der Quantenphysik zu einer esoterisch-spirituellen Weltanschauung ausbauend (Capra, Zukor etc.).

Tatsächlich gibt es Elemente der Quantenphysik, bei denen sich mystische Spekulationen geradezu aufdrängen. Entsteht die Welt erst dann, wenn ein Ereignis ins Bewusstsein eines Beobachters dringt? Dann würde er die Welt erschaffen, oder zumindest gäbe es eine seltsame Verbindung zwischen Wirklichkeit und Bewusstsein. Telekinese? Wenn die 'Reduktion der Wellenfunktion' augenblicklich alle Informationen über ein Ereignis liefert, ist das dann nicht das Gleiche wie eine Erleuchtung? Was bedeutet die Verschränkung von Zwillingsteilchen - Telepathie? Wenn es eine ψ-Welle der ganzen Welt gibt, heißt das nicht, dass dann alle Teile des Universums miteinander in Verbindung stehen? Wenn im Bereich der Quanten nur der Zufall herrscht, gibt es dann einen freien Willen? Wenn ein Foton "weiß", ob es sich beim Doppelspaltversuch als Teilchen oder als Welle präsentieren soll, hat es dann nicht eine gewisse Intelligenz?

Solche Fragen, die sich natürlicherweise aus der quantenphysikalischen Forschung ergeben, wurden von den seriösen Wissenschaftlern nie beantwortet. Umso mehr bemühten sich einige "Quantenmystiker" um einen Bezug dieser Probleme zu

Gedankengängen der Esoterik. Einige dieser Spekulationen regen zumindest zum Nachdenken an.

Fangen wir mit einer Theorie an, die von allen Quantenphysikern als streng wissenschaftlich betrachtet wird, unserer Ansicht nach indes ziemlich viel Mystik enthält: die Theorie von GHIRARDI–RIMINI–WEBER (1982). Es geht wieder mal um den leidigen **Kollaps** der Wellenfunktion, der in den Formeln nicht vorkommt. Wieso gibt es ihn im Bereich des mikroskopisch Kleinen, während man in der Alltagswelt nicht mit ihm rechnen muss, da er hier sofort stattfindet? Die drei Autoren wollten das Problem mit einem rechnerischen Zusatzterm zur Schrödingergleichung lösen, welcher besagt: Ab und zu gibt es von selbst, zufallsbedingt, einen kleinen Kollaps. Er betrifft nur einige Atome, und das auch eher selten. Im Bereich der Mikrophysik merkt man nicht viel davon, im Bereich der Makrophysik tritt der Gesamtkollaps indes augenblicklich ein, weil so viele Teilchen da sind, die - wenn auch selten, aber in der Masse eben doch - das ganze System kollabieren lassen.

So weit, so gut. Doch der unerklärliche und unerklärte Zufall erinnert mich stark an das göttliche Eingreifen, das sich ISAAC NEWTON um 1700 ausdachte, als er erkannte: Das Weltall ist instabil. Zweihundert Jahre vor Poincaré und dem Aufkommen der Chaostheorie erkannte der Schöpfer der klassischen Physik: Eine kleine zufällige Ansammlung von Materie würde sich durch den Einfluss der Schwerkraft immer mehr vergrößern, bis das ganze Weltall an diese Stelle kollabierte. Die Welt, so Newton, ist vergleichbar einem Riesenbrett mit lauter Stecknadeln, die auf ihren Stielen tanzen. Weil aber die Welt stabil ist, muss es einen Mechanismus geben, der den Massenzuwachs aufhebt, der die Unordnung beseitigt und die Harmonie des Universums wieder herstellt.

Für Newton erfüllte das periodische Eingreifen Gottes die gleiche Funktion wie der Zufallsterm in der GRW-Theorie: Es handelt sich jeweils um eine ad-hoc-Hypothese zur Beseitigung eines Übels, das möglicherweise gar nicht existiert. Meine Frage: Worin unterscheidet sich der GRW-Zufall von der Hand Gottes???

Für den französischen Kernphysiker JEAN-ÉMILE CHARON (1920 (Paris) - 1998) war das **Elektron** ein mystisches Wesen. Denn *Das Elektron stellt eine autonome Individualität dar, die über eine eigene Raum-Zeit besonderer Art verfügt. Es bildet ein selbständiges kleines Universum, das vom umgebenden Raum völlig isoliert ist. Es hat ewige Lebensdauer und ist vermutlich der Träger des Geistes.*

Elektronen sind nach Charon keine "Monaden" (isolierte Inseln im All). Vielmehr besitzt *das Elektron die Möglichkeit, Information durch Fernwirkung mit anderen Elektronen auszutauschen. Es handelt sich um Austauschprozesse geistiger Art.*

Charon bastelt sich aus seiner Philosophie eine Ersatzreligion, eine Art physikalischen Buddhismus: *Die Milliarden Elektronen unseres lebenden Körpers sind, jedes für sich, Träger unseres gesamten "Ichs". In diesem Fall würde unser "Ich" nach unserem Tod nicht nur nicht verschwinden, sondern sich sogar vervielfachen ... und in immer andere lebende oder denkende Existenzen eingehen.*

Sogar die Liebe kommt in Charons Philosophie vor: *Den Spinaustausch zwischen den Fotonen zweier benachbarter Elektronen wollen wir "Liebe" nennen. Somit ist Liebe auch eine Form der Erkenntnis und zugleich, als eine Art telepathischen Vorgangs, die direkte Kommunikation zweier Geister.*

Kommentar: Nimmt man die Ideen von Bohr und Co. ernst, kommt man in letzter Konsequenz zu Charons Thesen. Denn bei Bohr sind Elektronen und andere Quantenobjekte äußerst sensible und intelligente Teilchen (siehe das Kapitel über den Doppelspaltversuch); warum also nicht gleich mit Bewusstsein ausgestattet und über Raum und Zeit hinausgreifend? Zudem habe ich einmal gelesen, dass jedermann heutzutage noch mindestens

2000 Elektronen aus dem Gehirn von Julius Caesar beherbergt -
Ansätze einer Theorie der Reinkarnation!

Charons Gedanken sind positiv. Sie verbieten nicht (im Gegensatz zu Heisenbergs Unwissenheitsrelation), sie bieten Trost und fordern Respekt. Ob sie physikalisch gerechtfertigt sind, steht auf einem anderen Blatt. Diese Frage kann man allerdings auch an jede Philosophie, jede Deutung, jede sprachliche Äußerung über mathematische Formeln richten.

Der österreichische Physiker und New-Age-Aktivist FRITJOF CAPRA (*1939 in Wien) hat durch seine erfolgreichen Bücher die Quantenphysik seiner Zeit gemäß bestens popularisiert und sie in Beziehung gebracht zu Ideen der **Esoterik-Bewegung**, die sich ab den 1970iger Jahren von San Francisco aus über die zivilisierte Welt verbreitete. Man vergesse nicht: Zur Zeit, als sich die "Kopenhagener Deutung" formte und durchsetzte, beherrschten im zerrissenen Deutschland der Weimarer Republik, aber auch im traumatisierten Europa nach dem Großen Krieg, Nihilismus und die Ablehnung aller etablierten Werte das Denken der Menschen. Das war auch der Grund, warum die Nazis zunächst so begeistert begrüßt wurden: Sie wollten radikal mit allem Schluss machen, was bisher war und als Sündenbock für die üblen Zustände diente, und das taten sie dann auch.

Capra dagegen lebte in der Zeit der amerikanischen Neu-Spiritualität, auch als "New-Age-Bewegung" oder als Esoterikwelle bekannt. So fand er eine Deutung der Quantenphysik, die diesem Zeitgeist entsprach, woraus sich auch der Erfolg seiner Bücher ableitet. Capra schuf Verbindungen zu fernöstlichen Philosophien, vor allem zum Daoismus, womit er gewissermaßen in die Fußstapfen seines Landsmanns Schrödinger trat. Die cartesianische Trennung von Geist und Materie lehnte er ab. Wie Bohm nahm er einen holistischen Standpunkt ein, was bedeutet: Alles ist mit allem verbunden, das Spirituelle hat seinen Wert, seinen Platz und seine Bedeutung im menschlichen Denken und Leben ebenso wie Logik und Mathematik. Weil der Beobachter vom

Beobachteten nicht mehr getrennt werden kann, ist eine wertfreie, objektive, von Zeitströmungen unabhängige Physik und Forschung nicht mehr möglich. Objektive Erkenntnis ist laut Capra eine Fiktion.

Vor allem betonte Capra den ökologischen Aspekt: Der Mensch ist zwar Krone der Schöpfung, als solche aber nicht befugt, die Welt zu zerstören. Seine Bemühungen fasst Wikipedia so zusammen:

Statt Beherrschung, Ausbeutung und Unterwerfung der Erde zielt Capra auf einen respektvollen Umgang mit Natur und Umwelt ab, auf eine ressourcenschonende Koexistenz von Menschen und dem sie umgebenden Ökosystem. Immer wieder warnt er vor Gefahren und Problemen, die sich aus den neuen Wissenschaftszweigen ergäben (Atomkraft, Gentechnik, industrialisierte Landwirtschaft und andere Biotechnologien) und an deren Folgen nach seiner Darstellung erst kommende Generationen leiden werden. Ebenso wendet er sich gegen die uneingeschränkte Globalisierung auf Basis eines Markt-Fundamentalismus, die auf Kosten des Großteils der Weltbevölkerung die Gewinne einiger Konzerne maximierten. Als Ausweg schlägt er eine soziale, gerechte und umweltschonende andere Globalisierung mithilfe einer gestärkten, demokratischen UNO im Sinne einer globalen Zivilgesellschaft vor.

Kommentar. Im Gegensatz zu Schrödinger behielt Capra seine mystisch-religiösen Überzeugungen nicht für sich, sondern brachte sie in Verbindung mit der Physik. Ob er ihr damit einen guten Dienst erwies, an dieser Frage scheiden sich die Geister. Auf jeden Fall sind seine Bemühungen um einen vernünftigen, umweltschonenden Lebensstil begrüßenswert, auch wenn diese Seite seiner Philosophie nicht unbedingt aus den Gesetzen der Quantenphysik abgeleitet werden kann.

Der amerikanische Physiker FRED ALAN WOLF (*1934) beschäftigte sich mit dem **Zusammenhang zwischen Quantenphysik und Bewusstsein** (wie schon andere vor ihm) und fand dabei eine höchst originelle und dennoch mathematisch-physikalische Deutung des simplen inneren Produkts zweier Vektoren, die wir hier ausführlich erläutern. Das wird jetzt ein bisschen technisch, und dem Leser sei vorher die Lektüre des Kapitels über die bra-ket-Darstellung empfohlen.

Die Kopenhagener Deutung beschreibt ein System der Quantenphysik so: Es gibt erstens einen *Zustand A*, repräsentiert durch einen Vektor, dessen Komponenten aus komplexen Zahlen bestehen. Zweitens gibt es eine *Beobachtung B*, ebenfalls repräsentiert durch einen Vektor aus komplexen Zahlen. Drittens - und das interessiert uns - existiert ein *Ergebnis dieser Beobachtung (Messung) c*, repräsentiert durch das innere Produkt der beiden Vektoren, in der Diracschen bra-ket-Schreibweise also <B|A>. Das ist nun *c* kein Vektor, sondern eine komplexe Zahl, und sie bedeutet die *Ähnlichkeit* der beiden Vektoren. Und viertens - diesen Aspekt ignorieren wir jetzt, obwohl er das Wesen der klassischen Quantenphysik darstellt - erhalten wir eine reelle Zahl zwischen 0 und 1, wenn wir das innere Produkt quadrieren. Das ist dann die *Wahrscheinlichkeit*, durch die Beobachtung *B* des Zustands *A* diesen im Zustand *c* vorzufinden.

*Ein Zustand A wird durch eine Beobachtung B ('Messung') festgelegt. Das innere Produkt aus beiden - hier dargestellt durch die Diracsche Bra-Ket-Schreibweise - ergibt die **Ähnlichkeit** c zwischen B, der Erwartung des Ergebnisses, und A, dem tatsächlich vorliegenden Zustand. A ist zuerst (der Zustand liegt vor), dann kommt B (seine Messung). c ist die Wahrscheinlichkeit(samplitude) der Messung B unter der Voraussetzung, dass A vorliegt.*

Ereignis
(Zustand tritt ein)

Kompliziert? Es wird noch schlimmer! Denn zur Berechnung des inneren Produkts müssen wir den Vektor *B* "adjungieren", was bedeutet, dass jede seiner Komponenten durch die konjugiert-komplexe Zahl ersetzt wird. Und aus dem Spaltenvektor wird außerdem ein Zeilenvektor. Diese Bemerkungen sind wichtig wegen ihrer Deutung. Wenn wir nämlich einen quantenphysikalischen Zustand nicht durch einen Vektor darstellen, sondern durch eine Welle (die Schrödingersche ψ-Welle), dann bedeutet die Adjungierung eine *Zeitumkehr*.

$$<B|A>^* = <A|B>$$

Die beiden Ausdrücke ergeben den gleichen Wert, sind aber völlig unterschiedlich zu deuten. Denn durch die Adjungierung ("") wird die Zeit in der Schrödingergleichung umgedreht, sie fließt jetzt von der Zukunft in die Vergangenheit.*

So kann der Ausdruck ganz anders gedeutet werden, nämlich unter Einbeziehung von Bewusstseins--prozessen: Erst war B da, die Erwartung. Dann kommt A, in diesem Fall: die Widerspiegelung des Ereignisses A im Bewusstsein. Wegen der Zeitumkehr wird das Ereignis im Gehirn rückdatiert.

Zur Berechnung des inneren Produkts - also der Ähnlichkeit oder Übereinstimmung von Beobachtung und erwartetem Zustand - kann ich die beiden Vektoren vertauschen, was bedeutet: Entweder dreht sich die Zeit bei der Beobachtung *B* um, oder beim Zustand *A*. Was immer das auch bedeuten soll.

Wolf fand eine interessante Deutung, wobei er sich weiter auf die Kopenhagener Interpretation der Quantenphysik stützt. Da hat bekanntlich John von Neumann gesagt: Eine Beobachtung (Messung) setzt einen *bewussten* Beobachter voraus, die Reduktion der ψ-Welle erfolgt im Bewusstsein des Betrachters. Das Bewusstsein liegt also nicht in den Formeln, wohl aber in ihrer Deutung. Und das heißt: Das System, repräsentiert durch seinen Zustand *A*, entwickelt sich erwartungsgemäß von der Gegenwart in die Zukunft. Die Beobachtung *B* hingegen kommt aus der

Zukunft und läuft als Welle zu uns in die Gegenwart. Die Deutung ist nicht schwierig: Wenn wir nicht einen Einfluss aus der Zukunft akzeptieren (wie Cramer in seiner "Transaktions-Interpretation"), müssen wir eine andere Deutung dieses Einflusses aus der Zukunft finden. Und das einzige, was frei fließen kann und sich um keine Zeitrichtung schert, sind die Gedanken. Darum ist *B* auch unsere Erwartung, die wir zeitunabhängig formulieren.

Und jetzt wird's interessant. Wir können *A* und *B* vertauschen und erhalten dann für das innere Produkt <A|B> eine ganz andere Deutung. Jetzt liegt die Beobachtung *B* in der Gegenwart, ist also für uns Vergangenheit (eine echte Gegenwart gibt es in der Physik nicht). *A* dagegen liegt in der Zukunft, aber was bedeutet das? Für Wolf ist es eine *Rückmeldung* in der Zeit. Die Registrierung des Ereignisses, also seine Beobachtung *B*, wird als "ist eingetreten" (*A*) im Bewusstsein zeitlich zurückgeschickt.

Was das bedeutet, kann die Psychologie der Wahrnehmung sehr gut erklären. Im Jahr 1979 fand der Neurophysiologe BENJAMIN LIBET durch geschickte Experimente heraus, dass die Wahrnehmung eines inneren Zustands ("Ich habe den Finger bewegt") erst nach 1½ Sekunden bewusst wird. Um aber den Menschen nicht zu verwirren, datieren unbekannte Regionen des Gehirns ("Agenten") das Ereignis genau um diese Zeit in die Vergangenheit zurück. Der Mensch meint also, etwas mit seinem freien Willen initiiert zu haben, obwohl ihm das erst viel später bewusst wird und das Gehirn ihm diese Tatsache vorenthält. Die zeitliche Verschiebung des Ereignisses *A* in die Vergangenheit ist schlicht und einfach der physiologische Prozess der Täuschung des Gehirns!

Folgerichtig behauptet Wolf: *Die Zukunft ist wichtiger als die Vergangenheit bei der Bestimmung der Gegenwart.* Denn *Die Zukunft existiert bereits, während die Vergangenheit ständig neu erschaffen wird.*

Und so beschreibt er auch die Taten verschränkter Teilchen auf poetische Weise: *Zwei Teilchen sehen aus wie Tänzer auf gegenüberliegenden Seiten einer gigantischen Bühne. Jedes von ihnen ahmt die choreographierten Bewegungen des anderen exakt nach, bewegt sich aber dennoch spontan.*

Neben der Poesie erhebt Wolf seine Erkenntnisse auch ins Philosophische. Er plädiert für eine Verbindung von Gegenwart und Zukunft, von Handeln und Träumen: *Unsere Träume und unsere unausgesprochenen Ängste rühren von einem Konflikt zwischen unserer Zukunft und unserer Vergangenheit. ... Wir rekonstruieren, wir erschaffen das Universum gemäß unseren eigenen Bildern. Diese Bilder werden durch bewusste Wahlen ständig modifiziert.*

Kein Wunder, dass sich Wolf besonders für Bewusstseinsvorgänge interessierte - was ja schon die Verfechter der orthodoxen Quantenphysik taten.

Quantenphysik und Sciencefiction

Zum Standard-Repertoire der SF-Ideen, ohne die ganze Filmserien unmöglich wären, zählt die **Teleportation**, ein Routineverfahren in der Star-Trek-Serie. Das gilt zumindest für das Konzept der **Multiversen** und der **Antimaterie**. Bereits 1938 erläuterte der amerikanische Sciencefiction-Schriftsteller JACK WILLIAMSON das Konzept der Parallelwelten oder "Multiversen", fast 20 Jahre bevor Everett daraus eine wissenschaftliche Abhandlung machte. In seinem Roman "The Legion of Time" ("Die Zeitlegion") beschreibt er auf poetische Weise die Eigenschaften der Multiversen so:

Und immer wieder verzweigt sich der Korridor, denn er ist der Träger, das Museum aller Möglichkeiten. Wer die Laterne trägt, mag die eine Abzweigung nehmen oder die andere. Und jedesmal bleiben viele Flure, die unter dem Licht der Laterne zur Realität erwacht wären, für immer in der Dunkelheit des Nichtseins.

Auch die Konzepte der Quantenmechanik, wie sie damals bekannt waren, werden bei Williamson zu einem konzentrierten literarischen Essay, wobei er Aspekte der Allgemeinen Relativitätstheorie einfließen lässt:

Die Zukunft wurde bisher als genauso real wie die Vergangenheit angesehen, wobei einzig die ständige Wechselbeziehung von Entropie und Wahrscheinlichkeit die Richtung angaben. Aber die neue Quantenmechanik, die die absolute Herrschaft von Ursache und Wirkung niederreißt, hebt natürlich diese Anschauung in entsprechender Weise gleichfalls auf. Es gibt keine absolute Bestimmtheit im Bereich kleinstkörperlicher Vorgänge, und konsequenterweise sind die 'Gewissheiten' der makroskopischen Welt bestenfalls rein statistisch. Für die sich entfaltende, sich entwickelnde Zukunft muss die Wahrscheinlichkeit die Bestimmtheit ersetzen. Die Elementarteilchen der alten Physik mögen in dem neuen fünfdimensionalen Kontinuum erhalten bleiben beziehungsweise weiterbestehen, aber jede Überlegung, die dieses übergeordnete Raum-Zeit-Kontinuum in Erwägung zieht, sollte sich dabei einer unendlichen Zahl widerstreitender möglicher Welten bewusst sein, von denen nur eine - im Schnittpunkt ihrer geodätischen oder Seinslinien mit der vorrückenden Brechungsebene der Wirklichkeit - physische Realität erringen kann. Es ist dieser neue Gesichtspunkt, den ich meiner mathematischen Untersuchung zu unterziehen versuchen werde.

So entstehen Multiversen:

Nachdem die Vorstellung fester, körperlicher Partikel durch die von Wahrscheinlichkeitswellen ersetzt werden musste, sind die Weltlinien der Objekte nicht mehr die festgelegten, fixierten Pfade, die sie einmal waren. Diese Weltlinien, ich nenne sie geodätische Linien, teilen sich durch die - sagen wir - Launenhaftigkeit der subatomaren Unbestimmtheit in eine unendliche Vielfalt möglicher Zweige.

Hier spricht er das Problem der Energien an, die nötig sind, Multiversen zu erschaffen oder die Welt der Wahrscheinlichkeit Wirklichkeit werden zu lassen:

Es existiert ein ungeheurer Widerstand gegen die Verlagerung eines Körpers in der Zeit. Denn die geodätischen Linien sind genauso in der Zukunft verankert wie in der Vergangenheit. Die Entfernung einer lebenden Person aus ihrer Zeit, was die gesamte Zukunft verzerren und vom Wege abbringen könnte, ist unmöglich. Selbst die Verlagerung lebloser Materie erfordert ungeheure Energien.

Das Hauptproblem der Quantenphysik liegt in der Beeinflussung der Wirklichkeit durch den Beobachter:

Unsere Welt, die Gegenwart, hat direkte geodätische Verbindungen mit allen Zukünften, die möglich sind. Das Chronoskop enthüllt keine Endgültigkeiten, nur Wahrscheinlichkeiten - die es gerade dadurch auch schon wieder verändert.

Doch Williamson weicht in seinen Ideen von Everett in einem entscheidenden Punkt ab: Letztenendes gibt es doch nur *eine* Welt, zumindest in der Vergangenheit. Er beschreibt das Entstehen und Verlöschen der Multiversen folgerichtig nach den Gesetzen der Quantenphysik so:

Es gibt einen Fluss, eine Strömung von der Möglichkeit über die Wahrscheinlichkeit zur Gewissheit. Die Möglichkeiten sind unendlich, aber es gibt nur eine Wirklichkeit. Es sind viele verschiedene und einander ausschließende Zukünfte möglich, aber die Vergangenheit ist einfach, einzig und vollständig. Die geodätischen Linien verzweigen sich an jedem Punkt der Ungewissheit, aber der Fluss der Verwirklichung kann immer nur einen Zweig wählen und den Rest auslöschen, tilgen. Alle geodätischen Linien, alle Weltlinien neigen dazu, Energie zu absorbieren; alle möglichen Welten ringen darum, Realität zu werden. Aber die Energie der Wahrscheinlichkeit muss immer wieder all jenen Welten entzogen werden, die gewesen sein könnten, um diejenige zu erzeugen, die sein kann. Der ganze Rest muss verlöschen, da seine Wahrscheinlichkeit auf null sinkt.

Zuletzt erwähnt er auch noch die Feynman-Wheeler-Theorie, dass es sich bei Antimaterie um gewöhnliche Materie handelt, bei der die Zeit aber rückwärts läuft:

Ein marsianisch-deutscher Professor hatte einige seltsame Ideen. er nahm an, dass die Antimaterie in einem Teil des Alls entstanden wäre, in dem die Zeit rückwärts lief. Vielleicht war es gar nicht so verrückt, wie ich damals annahm.

Williamson war keineswegs der erste, der sich Multiversen ausdachte. NAT SCHACHNER hat in "Simultaneous Worlds" (Astounding, Nov. 1938) die "Universelle Psi-Funktion" Everetts vorausgenommen:

Jedes Elektron, Proton usw. in unserem Körper, in unserer Erde, in unserem Universum, ist bloß ein winziger Teil der totalen Realität dieses Elektrons, Protons, usw. Wir sind nur das winzige Ende eines Wellenzugs, welcher unser Universum erfüllt und auf eine Reihe anderer Dimensionen hinweist. ... Diese "Ultra-Erde" [von der die Invasoren vermutlich kommen] ist mit unserer Erde durch einen solchen Wellenzug verbunden. Ja, du und ich, auch wir existieren als alternative "Ichs" auf dieser Ultra-Erde.

Weiter vor ihm hat MURRAY LEINSTER in "Sidewise in time" (Astounding Stories, June 1934) die Reise durch diverse Parallelwelten beschrieben. Der Professor doziert:

Es gibt mehr als eine Zukunft, der wir begegnen. Eher zufällig haben wir eine davon gewählt. Doch die zukünftigen Straßen, die wir nicht begehen, sind ebenso real wie die Besonderheiten dieser Straßen. Wir sehen sie nie, aber wir geben zu, dass sie existieren.

Und Leinster nimmt auch die Beeinflussung unserer Welt durch "Schattenteilchen" voraus:

Setzen wir die Existenz von mehr als einem geschlossen Raum voraus, müssen wir auch das Vorhandensein einer Art 'Hyperaum' annehmen, der diese geschlossenen Räume voneinander trennt. ... Und so ist es zumindest wahrscheinlich, dass die verschiedenen geschlossenen Räume einander durch diesen Hyperraum beeinflussen.

Doch die Ideen der SF-Autoren sind nichts gegen die vollständig ausgearbeitete und poetische präsentierte Theorie unendlich vieler Parallel-Welten aus dem Jahr 1872. Damals beschrieb der französische Revolutionär AUGUSTE BLANQUI "Die Ewigkeit durch die Gestirne" etwa so:

Es gibt keinen Stein, keinen Baum, keinen Bach, kein Tier, keinen Menschen, keinen Zwischenfall, der nicht seinen Platz und seinen Moment im Duplikat gefunden hatte. Es ist eine wahrhafte Doppelgängererde.

Immer wieder betont Blanqui in seinem Buch die **Unendlichkeit** der Parallelwelten:

Die Unendlichkeit in Zeit und Raum ist nicht ein exklusives Vorrecht des gesamten Universums. Alle Formen der Materie kommen in seinen Genuss, sogar das Infusorium und das Sandkorn. Somit besitzt jeder Mensch durch den Gnadenerlass seines Planeten in der Weite eine unendliche Anzahl an Doubles, die sein Leben leben, genauso wie er es selbst lebt. Er ist unendlich und ewig in der Person von anderen als er selbst, nicht nur in seinem gegenwärtigen Alter, sondern in allen seinen Altern. Er hat gleichzeitig in jeder vergehenden Sekunde milliardenfach Doppelgänger, die geboren werden, andere, die sterben, andere, deren Alter sich von Sekunde zu Sekunde von seiner Geburt bis zu seinem Tod erstreckt.

So mischen sich seine Ideen mit denen von Bohm ("holistisches Universum") und von Everett (Vieleweltenthese als Möglichkeit der Wiedergeburt):

Es ist ein Wechselspiel, ein immerwährender Austausch von Wiedergeburten durch Transformation. Das Universum ist sowohl Leben als auch Tod, Zerstörung und Schöpfung, Veränderung und Beständigkeit, Tumult und Ruhe. Es ver- und entknotet sich ohne Ende, immer das gleiche, mit stets erneuerten Wesen. Trotz seinem immerwährenden Werden wird es im Bronzedruck stereotypiert und druckt stets die gleiche Seite. Die Gesamtheit und die Details, es ist auf immer und ewig Veränderung und Immanenz.

Eine interessante filmische Illustration des seltsamen **Quanten-Zeno-Effekts** (siehe das Kapitel über Kollaps und Quantensprung) fand ich in einer Episode der britischen Serie "Dr. Who". Dabei muss sich der zeitreisende Doktor in der Episode 5-4 und 5-5 ("Zeit der Engel" und "Herz aus Stein") und auch später noch mit bösartigen Engelsstatuen auseinandersetzen, die, wenn man sie anschaut, als Statuen erscheinen (die Zeit steht dann still - die Essenz des Quanten-Zeno-Effekts), während sie, wenn man nicht hinschaut, sich dem armen Menschen bedrohlich nähern, bis sie ihn erwürgen.

Und die Moral von der Geschicht: Schau dem anderen immer in die Augen, wer weiß, was er sonst Übles tut!

Literatur: Bücher

<u>Biografien</u>:

LINDLEY, DAVID: **Boltzmann's Atom**. The Great Debate that launched Revolution in Physics. The Free Press, New York 2001

PAIS, ABRAHAM: **Niels Bohr's Times**. Clarendon Press, Oxford N.Y. 1991

CASSIDY, DAVID: **Uncertainty. The Life and Science of Werner Heisenberg.** W.H. Freeman 1992

MOORE, WALTER: **Schrödinger. life and thought**. Cambridge Univ. Press, N.Y. 1989

FARMELO, GRAHAM: **The Strangest Man: The Hidden Life of Paul Dirac**. Basic Books 2009

<u>Geschichte, allgemein</u>:

HUND, FRIEDRICH: **Geschichte der physikalischen Begriffe, Teil 2**. B.I., Mannheim 1978

SELLERI, FRANCO: **Die Debatte um die Quantentheorie**. Vieweg 1990 (1983)

MEYENN, KARL VON (Herausgeber): **Quantenmechanik und Weimarer Republik**. Vieweg 1994

JAMMER, MAX: **The Conceptual Development of Quantum Mechanics**. American Institute of Physics, New York 1989

BELLER, MARA: **Quantum Dialog. The Making of a Revolution**. Univ. of Chicago Press 1993

KUMAR, MANJIT: **Quanten. Einstein, Bohr und die große Debatte über das Wesen der Wirklichkeit**. Berlin Verlag, Berlin 2009 (2008)

MEHRA, JAGDISH; RECHENBERG, HELMUT: **The Historical Development of Quantum Theory (5 Volumes)**. Springer um 2000

ADAM BECKER: **What is real? The unfinished quest for the meaning of quantum physics**. John Murray 2018

FRANK CLOSE: The Infinity Puzzle: **Quantum Field Theory and the Hunt for an Orderly Universe**. Basic Books 2011

Lehr- und Fachbücher:

HOLZNER, STEVEN; FREUDENSTEIN, REGINE: **Quantenphysik für Dummies**. Wiley-VCH 2013

WEIZEL, WALTER: **Physikalische Formelsammlung III: Quantentheorie**. Mannheim 1966

SUSSKIND, LEONARD; FRIEDMAN, ART: **Quantum Mechanics: The Theoretical Minimum**. Basic Books, New York 2014

Bohm, David; Hiley, Basil: **The Undivided Universe**. Routledge, London 1993

WESLEY, JAMES PAUL: **Causal Quantum Theory**. Benjamin Wesley, 78176 Blumberg 1983

WESLEY, JAMES PAUL: **Classical Quantum Theory**. Benjamin Wesley, 78176 Blumberg 1996

HERBERT, NICK: **Quanten Realität**. Birkhäuser, Basel 1987 (1985)

GRIBBIN, JOHN: **Schrödingers Kätzchen und die Suche nach der Wirklichkeit**. Fischer, Frankfurt 1996 (1995)

Mystische Physik:

CHARON, JEAN E.: **Der Geist der Materie**. Ullstein 1982 (1977)

Wolf, Fred Alan: **Star Wave. Mind, Consciousness, and Quantum Physics**. Macmillan, New York 1984

CAPRA, FRITJOF: **Das Tao der Physik**. Droemer Knaur 1997

BOHM, DAVID; PEAT, DAVID F.: **Das neue Weltbild. Naturwissenschaft, Ordnung und Kreativität**. Goldmann, München 1990 (1987)

Quantenphysik und Sciencefiction:

AUGUSTE BLANQUI: **Die Ewigkeit durch die Gestirne** (1872)

MURRAY LEINSTER: Sidewise in time. Astounding Stories June1934

NAT SCHACHNER: Simultaneous Worlds. Astounding, Nov. 1938

JACK WILLIAMSON: **Die Zeitlegion. Antimaterie. Antimaterie-Bombe**. 1950-1952

Bücher von Peter Ripota: (bei Books on Demand):

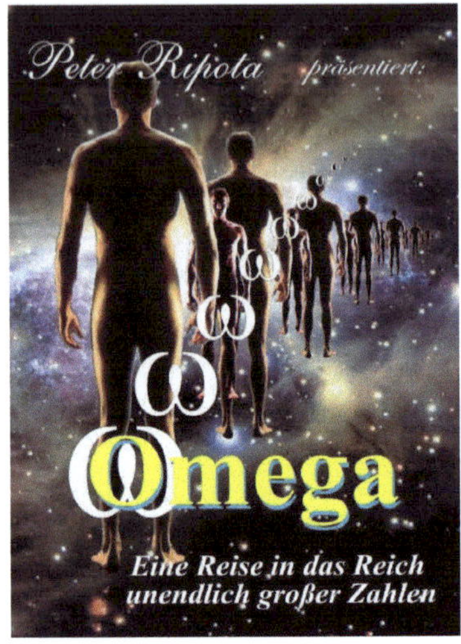

232